市场感+

网店旺铺

视觉营销设计表现

王 珊 编著

電子工業出版社
Publishing House of Electronics Industry
北京·BEIJING

内容简介

本书以淘宝店主普遍关心的“如何做营销”入手，用多个网店设计的正反案例进行实例分析，从店标、店招、首页、内页、活动页等各个方面全面分析讲解适合于营销的设计版式、设计表达和信息传递的重点。在反面案例中指出设计上不利于营销的失误之处，在正面案例中指出对营销有利的要点及可借鉴之处。正反案例相结合的讲解方式，让店铺装修真正落地在营销上，更避免毫无头绪、华而不实的错误设计思路，少走弯路。

本书适合电商管理者、电商美工、个体店主阅读，同时适合各大院校电子商务相关专业学生作为教材及参考资料。

图书在版编目（CIP）数据

市场感+：网店旺铺视觉营销设计表现 / 王珊编著. -- 北京：电子工业出版社, 2015.3

ISBN 978-7-121-25259-4

Ⅰ. ①市… Ⅱ. ①王… Ⅲ. ①电子商务－网站－设计Ⅳ. ①F713.36②TP393.092

中国版本图书馆 CIP 数据核字（2014）第 303377 号

责任编辑：田　蕾

文字编辑：赵英华

印　　刷：中国电影出版社印刷厂

装　　订：三河市华成印务有限公司

出版发行：电子工业出版社

地　　址：北京市海淀区万寿路 173 信箱（邮编：100036）

开　　本：720×1000　1/16　印　　张：17.25　字　　数：441.6 千字

版　　次：2015 年 3 月第 1 版

印　　次：2015 年 3 月第 1 次印刷

定　　价：59.80 元

参与本书编写的有：王珊、李倪、宋军、韩翠、方亚军、方先荣、方亚文、颜世菊、李威、任玉亚、张婷、常慧兰、王小明、边静波、刘洋。

凡所购买电子工业出版社图书有缺损问题，请向购买书店调换。若书店售缺，请与本社发行部联系，联系及邮购电话：（010）88254888。

质量投诉请发邮件至 zlts@phei.com.cn，盗版侵权举报请发邮件至 dbqq@phei.com.cn。

服务热线：（010）88258888。

前言

在很多淘宝店铺中，特别是店主自主装修的店铺，店主根据自己的审美和爱好，把店铺装修得五颜六色、花枝招展固然是没有错的，但是不能完成“营销”任务。这种店铺我们姑且称为“自娱自乐”，就是自己喜欢，自己图个乐。

还有一些店铺，做得非常简单，基本没有装修，简单地把商品随便拍摄一下，往上一摆，标题也很简单，基本只有自己能看懂。这种店铺我们姑且称为“仓库”，商品跟放在仓库货架上没有什么区别，自己有空就来摆弄摆弄，不指望能销售多少，就是满足一下自己想创业的心情。

另外，还有一种店铺，铺天盖地的都是促销信息，图片上、页面上都放满了打折促销的文字，看得出店主是急于想把自己做营销的心情表达出来，但是欲速则不达，销售业绩是有一些，但终归不理想，自己看着也觉得挺头疼的。

还有的店铺是请美工设计师来做的，看起来还算美观，营销部分也设计了，但总觉得差点什么。

更多的店铺，在淘宝第三方买了设计好的成品模板，装到店铺里，却觉得不太适合自己，闪闪却不怎么惹人爱。

还有更多的店铺，非常重视营销，但是做出来的店铺差强人意，感觉很“山寨”，很粗糙。

你的店铺属于哪一种呢？

无论你是单兵作战，还是团队作战；无论是自己充当美工，还是请设计师，如果你在淘宝上开店，不以盈利为目的的都是自娱自乐，不分析顾客消费习惯和购物心理做营销型设计，那都是白费工夫！因为你既浪费了顾客的时间成本，又浪费了自己的时间成本。除非你的商品特别特殊，特别独特，天下仅有你一家，或者你的商品是天下第一低价，若无这些吸引力，顾客大可以关掉你的店铺，去其他看着更顺眼的店铺购买。

10年前图片拍得很差也能卖出去货的时代早已结束了！现在大家都在竭尽所能，做好的营销设计，花高薪聘请美工设计师的店铺比比皆是。如果你本身不是设计师，没有受过专业科班的训练，还在用落后的方法，闭门造车的观念，无头苍蝇一般乱转，仅凭自己的感觉来做设计，那基本上是不可能有一个好的效果的。

好在，我们有很多经验可以借鉴，有很多前人总结出来的知识可以拿来用，那么至少对我们做店铺页面设计是很有帮助的。

营销型店铺，以前并没有这样的说法，但是这种形态确实存在。现在大家都在摸索什么样的设计能够提升销售业绩，自然而然也就有了这样的探讨。

本书收集了较为成熟典型的上百个正面和反面案例，涵盖店招、店标、促销设计、活动、首页、内页的所有对营销有帮助的设计，并给出了详细的案例分析，全面地告诉读者如何从营销角度来看待这样的设计，它给营销带来了什么样的影响，可以在什么情况下借鉴这些设计，为店铺带来更好的营销效果。

不仅如此，为了避免将店铺做成一个“纯营销功能型”店铺，还请在借鉴这些营销型案例之余，不要忘记去看看第8章，营销设计不能一股脑儿地倒给顾客，顾客的体验也是我们重点优先考虑的。

最后，请容我多说一句，本书的定位在于归纳总结对店铺营销有帮助的设计，并且重点在分析层面，因此对于其他部分的讲解不会像操作书和基础设计书那么全面细致。本书只讲典型，只讲可以直接拿来借鉴模仿的案例，让读者可以找到自己想要的设计效果。

感谢陪我一起度过这段时间的家人，方块先生和颜世菊女士，以及我刚满一岁的小女儿璐岩，有了你们的支持我才能够坚持完成这本书的写作。也要特别感谢我的编辑张艳芳女士对我体贴入微的关照。

特别感谢我的好友林芝屹、“一莎设计”的严奇为本书提供了部分珍贵的原创设计案例。

王珊

2014 年 12 月 15 日

目录

目录

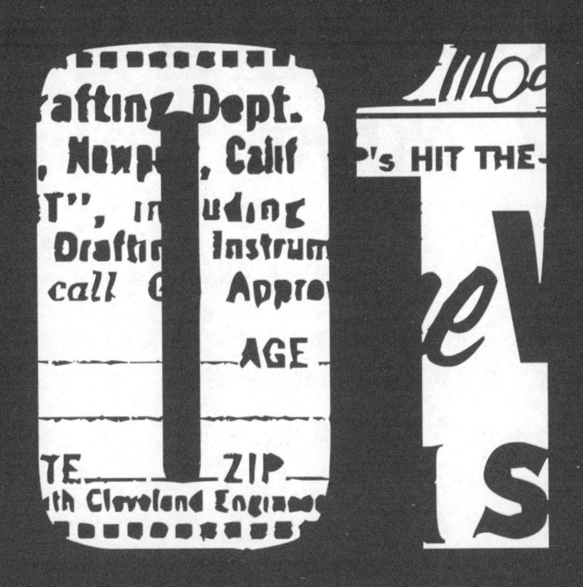

什么是营销感设计

我们先来了解店铺设计中应该如何正确看待营销性功能设计。目前淘宝店铺中普遍存在的问题有以下几种，我们通过案例分析来看看。

案例① 不注重营销性设计的店铺

在这个案例中可以看到，因为不重视营销性设计，所以这个店铺仅有：

❶ 最基础的文字型店招（店铺名字和出售的商品关联度不高，果子容易让人联想到水果，而店铺内出售的则是干果和坚果类食品）。

❷ 一个首页，没有充分利用好店铺的装修功能，用的是最基础的自动宝贝展示，没有设计首页皮肤和其他区域。

❸ 一个自定义区，做了一个店招的重复版本图片。

❹ 没有其他自定义页。

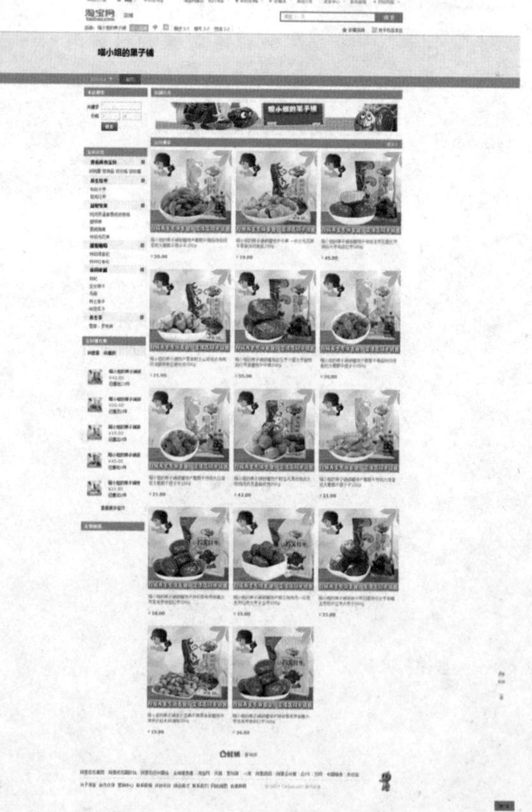

这个店铺仅仅处理了一下商品主图，其他的部分基本没有给予重视，这样的店铺给人的感觉很初级，一看就是新手开店，营销性功能几乎没有涉及，这也是众多新手店主容易犯的错误。这样的店铺顾客信任度低，成交量肯定也不会太高。如果通过搜索商品进到这样的店铺中，顾客也会选择别家购买。

案例② 简单粗暴型营销店铺

当店铺中有活动的时候，我们要将活动内容、促销方案表达成图片，这个不难理解，也有很多人都这样去做了，但是效果往往有些差强人意。

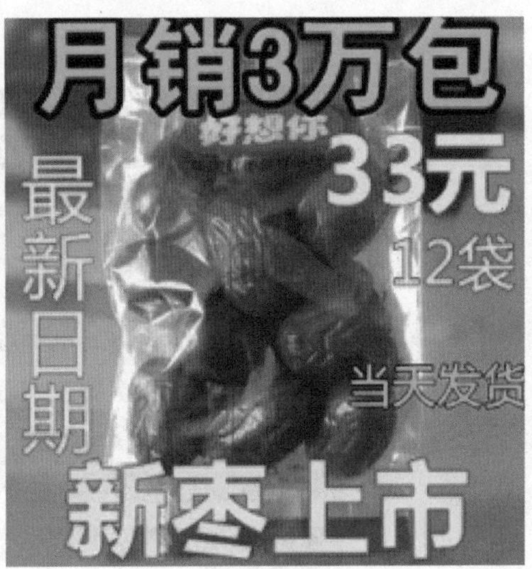

月销3万包
好想你
33元
12袋
最新日期
当天发货
新枣上市
¥32.90 包邮
8729人付款
正品好想你红枣特级1000克免洗阿克苏灰枣PK新疆特产和田玉大枣子

我们仅仅从图片上来看，这种充斥着促销信息、卖点堆砌的图片，就好像电线杆上贴的小广告、牛皮癣。对于营销有效吗？有一定的效果，但是这种营销方

式就像一阵龙卷风，只能引来喜欢低价、喜欢促销的顾客，一般也就是一次性顾客。它的销量肯定会好过第一种，因为它最起码做了营销性设计，只是说做得不恰当。

长期来说，这种简单粗暴式的设计，吸引不了长期顾客，更吸引不了消费能力强的优质顾客。就好像超市的鸡蛋促销打折，来的都是老太太，只买鸡蛋不买其他的。客单价很难提升，回头客很难留住，除非商品品质特殊、产地特殊等其他因素起作用，否则，长期获取的利润并不高。

为什么这样说呢，我们都知道首页会放很多的商品图片，如果都是这样的首页，看上去可以说是惨不忍睹，连一个最基本的整洁都无法做到，更别说让顾客看起来赏心悦目了。那么如果上面有的只是铺天盖地的促销信息，也无法将首页的营销功能发挥到最佳。这种情况一般出现在低价店铺中，多是用各种“醒目”而且扎眼的文字，将各种卖点堆砌在图片和页面上，内页也多是各种颜色的文字性描述。

其实这仅仅是完成了营销中的“文字”部分，因为缺乏很好的转化为营销型图片的能力，所以才会出现这种情况。

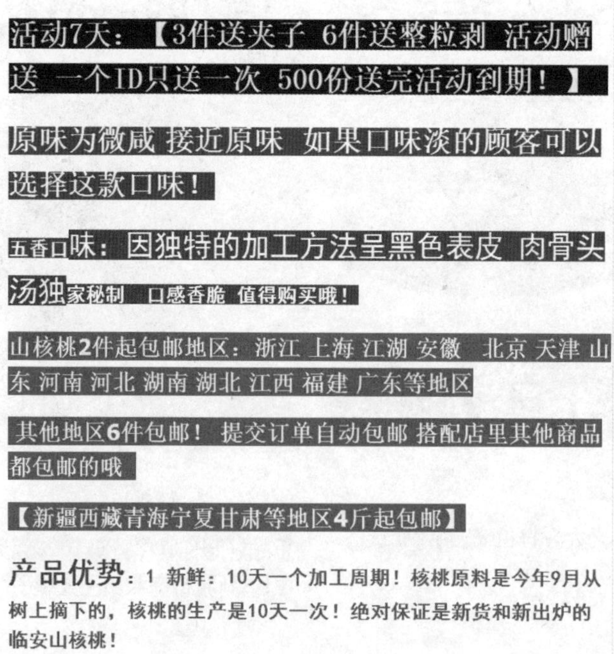

活动7天：【3件送夹子 6件送整粒剥 活动赠送 一个ID只送一次 500份送完活动到期！】

原味为微咸 接近原味 如果口味淡的顾客可以选择这款口味！

五香口味：因独特的加工方法呈黑色表皮 肉骨头汤独家秘制 口感香脆 值得购买哦！

山核桃2件起包邮地区：浙江 上海 江湖 安徽 北京 天津 山东 河南 河北 湖南 湖北 江西 福建 广东等地区

其他地区6件包邮！ 提交订单自动包邮 搭配店里其他商品都包邮的哦

【新疆西藏青海宁夏甘肃等地区4斤起包邮】

产品优势：1 新鲜：10天一个加工周期！核桃原料是今年9月从树上摘下的，核桃的生产是10天一次！绝对保证是新货和新出炉的临安山核桃！

案例③ 山寨型营销设计店铺

还有一种店铺，主图整理得还可以，清爽干净，店内活动做得也还可以，轰轰烈烈，商品排列也很整齐，看上去会比前两种都要好一些，但是总觉得缺些什么，给人很“山寨”、不上档次的感觉。

山寨型营销设计店铺虽然用了营销型模板来做店铺装修，但是总让人感觉这就是一个超市货架，只是简单地展示了商品，用了一些营销元素，也有营销的样子，但就是感觉很低档，很“山寨”，给人模仿也模仿得不像的感觉。究其原因，是因为只懂得营销形式不懂得内涵。当店铺中只有营销形式没有其他内容时，页面变得毫无趣味性，对顾客来说，也没有什么太大的吸引力。

可以说，这就是个“卖货”的手法，实际效果也就是当“搬运工”。一个没有吸引力的店铺和品牌，就好像一个没有魅力、表情木然的大妈，让人看了一次就不想再看第二次。新流量成本增加，转化率不高，老顾客回头率低，这样的店铺显然营销行为并不是健康有利于销售额提升的。再加上产品同质化严重，竞争激烈，如果想凭借这样的页面能够取得好成绩，那纯粹要看运气了。

那什么是具有营销性的设计呢？

很多人理解营销性设计，就是将活动做

成图表达出来，例如在一张图上写上“今日两折”这么几个字，就“营销感”爆棚了，场面火爆了，万人哄抢了。

其实不然。如果这就是做营销，那么大家都打折的时候，你拿什么去跟价格比你更低的人竞争呢？活动不是天天都有的，如果没有活动的时候，是不是就做不了“营销”呢？

因为我们现在面对的，是一个网络上的店铺，顾客是通过浏览页面而产生购买行为的，因此我们需要了解顾客购买的行为是如何产生的。

首先，顾客如果在生活中有实际需要，会通过搜索“关键字”来找需要的商品。例如要买一条裤子，会先搜索“长裤 男”或者其他关键词，来描述他想找到的商品。搜索之后会出现很多商品主图，通过看主图而产生点击，进入内页。然后通过浏览内页上的内容，来观察这个裤子是否适合自己，是否是想要的，是否想买。如果内页上的内容让人不喜欢，顾客可能会去找另一家进行对比，再做决定。

如果内页的内容不让人反感，但商品也没有产生吸引力，顾客可能会通过内页上的一些推荐进入到其他内页，或者进入首页，再从首页找到合适的商品点击进入内页。

如果找到一个合适的商品，内页也让人觉得比较感兴趣，对比几个商品页面，感觉这个比较不错，那顾客就有可能购买，也有可能在店铺中多购买一些。

如果店铺里的商品都比较合适，而且有活动，顾客可能会因为活动的原因而“凑单”

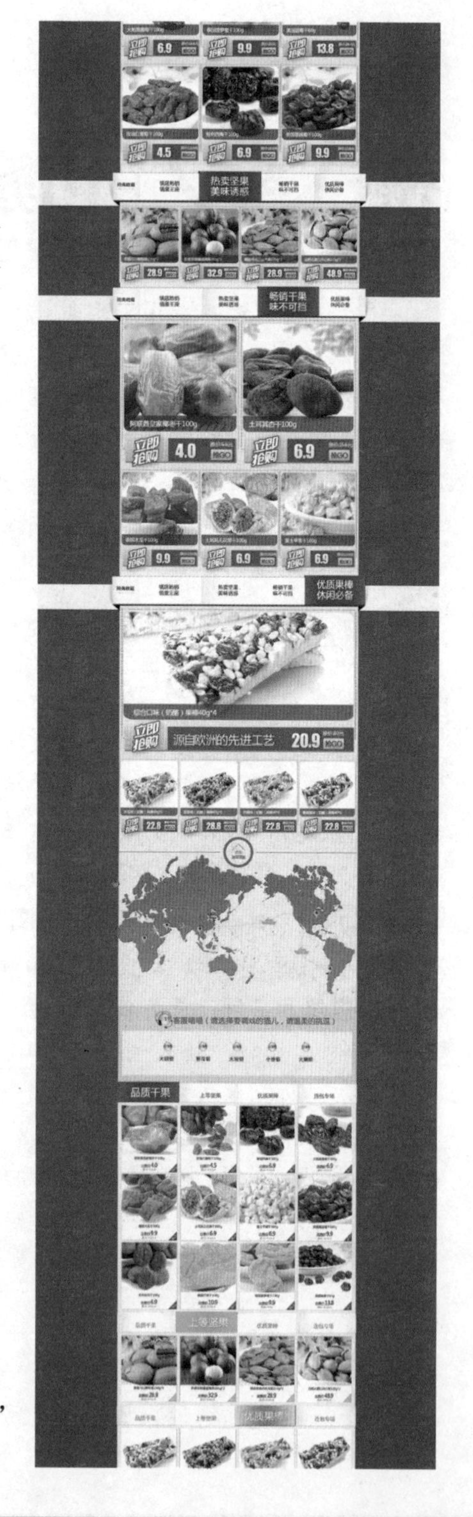

以达到活动要求。

在这个过程中，顾客都是通过“图片页面”来做决定的。因此，我们先要了解各个页面的营销功能。

❶ 主图及各广告图的营销功能：吸引顾客点击进入内页／首页／活动页。

❷ 内页的营销功能：让顾客下单完成购买；在某些情况下引导顾客进入其他商品页面；简单告知顾客营销活动。

❸ 首页的营销功能：引导顾客找到他需要的商品；让顾客对店铺品牌有所了解认同；让顾客了解营销活动；引导顾客浏览营销活动商品。

❹ 活动页的营销功能：营造活动氛围，介绍活动内容，鼓励顾客参与活动，展示活动商品，引导顾客点击推荐商品。

❺ 其他页面的营销功能：或介绍品牌，或介绍服务，或与顾客交流。总之，为顾客提供服务，这也是一种营销手段。

所有的页面其实都是为了“营销”而服务的，从吸引顾客开始，到顾客下单为止，页面都在发挥着“营销”的作用。

但是营销感设计，绝对不是把文案胡乱堆砌在图片上就了事的，否则导致的结果就是案例二（简单粗暴）和案例三（山寨）。让图片对顾客产生吸引力，要仔细地分析顾客喜好，在视觉设计上做信息的传递，并用适当的手法来展现出来。

案例④ 有吸引力的营销感设计

如上图，只有具有吸引顾客目光的效果，才可以称为“营销感设计”。让顾客通过这样的图片和页面，对活动本身产生兴趣，从而继续往下看页面，点击更多商品，增加产生购买的几率，有效提升转化率。

对比下面这几张图，如果你是顾客，你会更喜欢哪一种呢？哪张图的营销效果更好呢？

经过对比，相信你应该不太喜欢第一种图片，而更喜欢第二种商品展示的方式、第三种活动展示的方式。

因此，我们先要对“营销感设计”有一个正确的认知。

东北黑蜂椴树结晶蜜假一赔十
蜂场直供，店主自用
25元一斤
2斤包邮
01

不用酸奶机做酸奶 来自西藏的圣物 优质菜花状大粒灵菇菌
包活！
一厘米大菌菌，买6粒赠2粒，包邮还送养菌杯
01

意大利面&香料 腌料
The fourth floor
意·面
品牌轮播
Barilla
百味来
Moli
莫利
GALLO
公鸡
La Regina
乐芙娜
Kotanyi
可达怡
乐芙娜直形意面500g
100%意大利杜兰小麦
原价¥15.0
¥7.5
购买
百味来披萨酱400g
超赞橄榄味酱汁
原价¥53.6
¥26.8
购买
可达怡黑胡椒粒36g
带研磨器可磨粗/细
原价¥52.0
¥26.0
购买

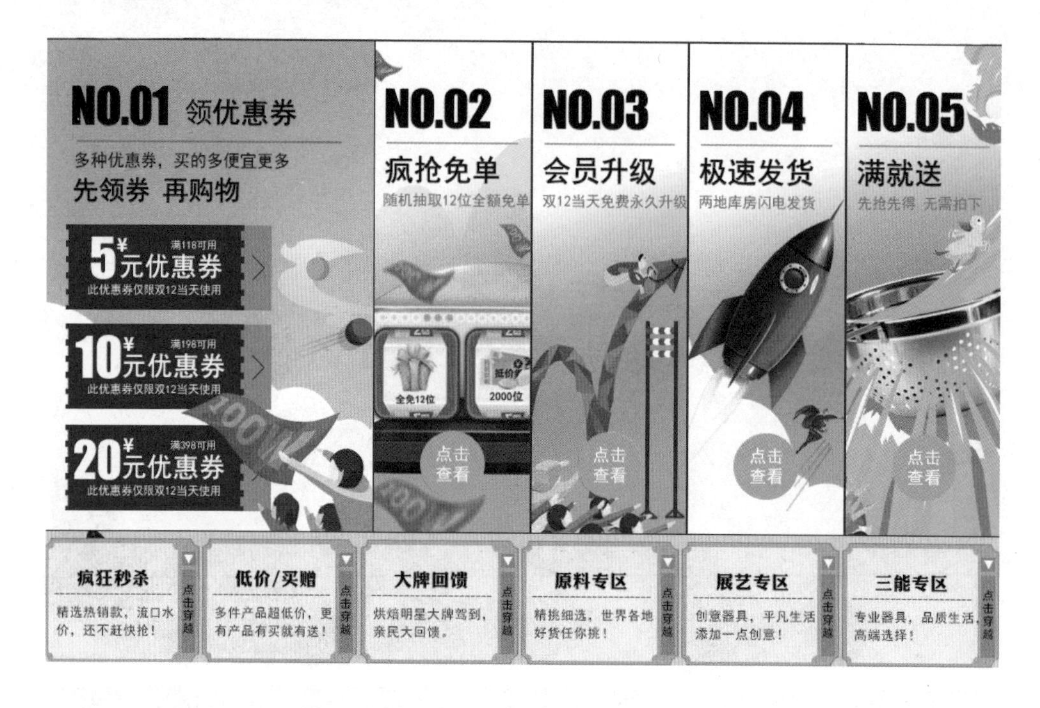

❶ 具有营销功能：能够达到一个页面或一张图的作用。否则就是好看的花架子，华而不实，避免页面好看不卖货的局面。

❷ 没有传递障碍：信息能够准确无误地到达顾客，并且丢失率少，没有无缘无故的干扰，顾客能看懂想要传递的意思。

❸ 符合顾客的购物心理和浏览行为，有好的用户体验。只有用户认可的、舒适的，才会创造更好的浏览轨迹，顾客才会继续看，在页面上停留更长的时间，同时增加对页面的好感度。

❹ 有吸引力的图片、元素、氛围：对顾客产生吸引力。

❺ 对各项数据有提升的效果：提升页面停留时间、访问深度，减少跳失，提升转化率。

在后面的章节中，我们将会从店标、店招开始，逐步到首页、内页，用大量的案例来分析营销感设计的做法和表现形式，这些案例有的可以直接借鉴，有的需要思考和理解，都是围绕以上的营销感认知，从营销功能、信息传递、购物心理和浏览行为、吸引力来讲解的。

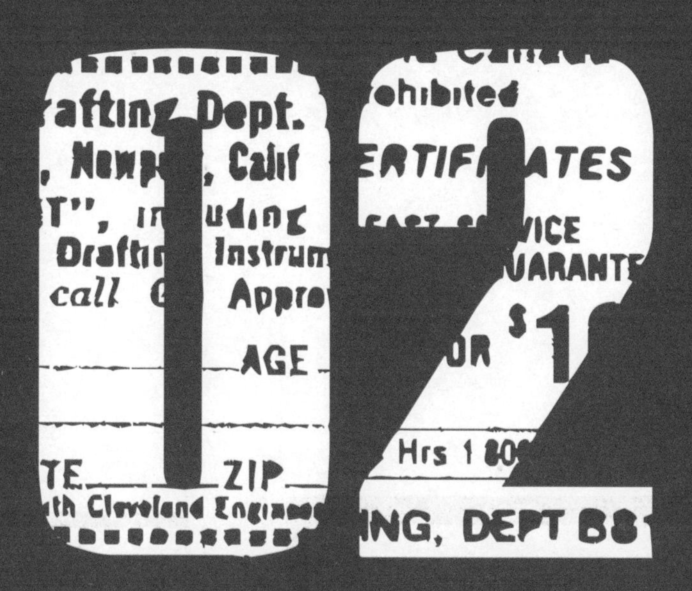

店铺标志设计

申请新店铺的时候,会需要上传店铺标志。手机淘宝店铺也需要上传店铺标志。当店铺成长到一定阶段，有了自己的品牌，去申请淘字号的时候，店铺标志更是显得非常重要。

店铺标志作为一个店铺浓缩的形象，直观地影响着顾客对店铺品牌的认知和感受，不要小瞧小小的一个Logo，方寸之间它透露了很多信息内容，并能起到良好的宣传作用。

2.1 营销感店铺标志设计

店铺标志作为一个非常重要的店铺视觉VI，有着良好的传播作用，这意味着店标作为一个固定标志，会长期反复出现在各种场合，来代表店铺的形象及经营内容和更多与营销有关的信息。

在制作前及完成后我们应该充分考虑以下这几点。

❶ 能不能说明产品？能不能看出来店铺卖什么？

卖化妆品的，和卖服装、卖玩具的，设计出来的店标就是完全不同的。

❷ 能不能说明价位？主流产品什么价位？

一般价位越高的产品，店标的设计越要显得高档，有品牌感。一些大牌的Logo、商标，都不会过于复杂。简单并且说明问题，越简单的东西越容易被理解。在设计的精致程度上、使用素材上，都会要求更高。

想想我们在一个街头塑料布拉起来的店铺里，会不会买几百元的东西？而在装潢精致的店铺里，买几十元的东西会不会觉得很便宜，更容易付钱？

❸ 能不能说明人群？卖给什么人？

就好像我们不能在卖给成熟男人的产品店标上，放上可爱粉色泡泡素材一样，与对应消费人群审美不符，做出来的设计就好像是一个玩笑。

❹ 能不能代表你的店铺，和其他品牌差异的地方？

如果你设计的意图是模仿，那么可以看哪些地方是相似的。如果你想要不同，要看到差异的地方。一般这些差异，是通过字体、素材、颜色等表现出来的。

❺ 运用的时候是否有充分运用？

店标设计出来，是否有好好地加以利用？

我们可以使用在店招、产品包装上，还可以用在旺旺头像上，以及首页和内页的页尾上。统一运用可以让它的作用发挥得更好。

❻ 是否容易传播?

你的店标是否能够一眼看懂？如果是字的话，字是否清晰可辨，不会过小看不清？是否有一堆颜色分辨不出文字？规格是否合适，能不能用在各种地方？这些都会影响传播的质量，我们在设计时都需要考虑进去。

在动手设计之前，我们可以在淘宝上搜索一下不同类目的店铺，看看它们的店标都是什么样的。分析一下它们都有什么特征，有什么样的风格，什么样的店标可以作为借鉴和参考。

2.1.1 店标的设计形态

以设计的表达形态来看，我们可以把搜索到的店标分成以下几种。

❶ 中文文字型店标，如下图所示。

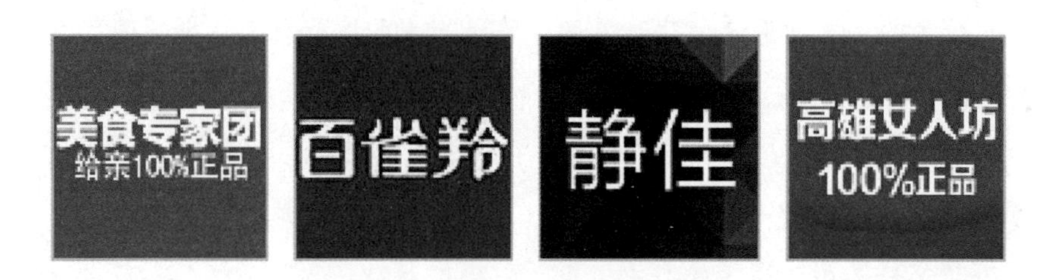

中文文字型店标最大的优点是一目了然，顾客对于中文字的接受度最高，好辨识也好记忆。“美食专家团”和“高雄女人坊”都是网店名字，说明了店铺销售的产品内容和针对的顾客人群，并且 Slogan 是 100% 正品，给予强有力的承诺。“百雀羚”和“静佳”都是已有的品牌，所以可以不用说明店铺在销售什么，因为品牌连带的销售内容顾客都已经熟知了。但在字体和颜色的运用上，会和品牌本身已经有的视觉规范一致，相当于把已经设计好的线下的东西，拿到网上来做一个 Logo，这样让顾客对线上品牌的认知和线下是一致的感觉。

如果选择中文文字型店标作为制作的目标，特别要注意文字的精简和信息的传达。因为店标的尺寸大小有限，能够把字看清楚并醒目就是最好的，想给予太多的信息反而会让效果大打折扣。

店名：大字体，不超过5个字。

Slogan：小字体，以能看清的字号为限。

行数推荐一行或者两行，不要更多了，密密麻麻的反而看不清。

❷ 非中文型店标，如下图所示。

对于非中文的标识来说，英文和字母会给人一种很酷的感觉，留下很深刻的印象。但是其内容是什么意思，则并不会在第一时间内让顾客理解清楚。所以我们可以把它看作是一个符号。卖欧美商品的店铺的店标多用英文标识，欧美范儿会更浓，而如果冠上一个中文名就感觉有点不伦不类了。符号所起到的作用，就是给人传达欧美感、新锐感、时尚感。

如果选择非中文型店标，特别要注意店铺出售产品的范围和产品的风格是否和店标的感觉贴近。同样因为英文标识不好理解，所以应该以简单和强烈的视觉冲击力为主。至于颜色的搭配，也多以冲击力强的对比色搭配为主，欧美风格较多用黑白搭配，女性化的风格较多用黑白红搭配。

❸ 组合型店标，如下图所示。

组合型店标让顾客有一种中西结合，和国际接轨的大牌感觉。它们的中文和非中文部分一般是相互诠释的关系，有多种表达。

如“NALA”是品牌名称，化妆品行家是Slogan；

“Mgbt”是品牌名称，“买鞋子来百特”是Slogan。

而后面两个实例则不是这样的。

美西 EXPRESS 是一个完整的品牌 / 公司名字。

“GIRDEAR”和“哥弟”则是音译的关系。

所以前两个是品牌名称和 Slogan 的关系，后两个则是同等地位，都是品牌名称的关系。

在表达形式上，因为非中文的部分设计感比较强，视觉冲击力比较大，所以形式多种多样，给人的视觉感受都不错。

我们可以遵循的规律是，如果非中文部分比较简单，那么它本身就很有视觉冲击力，可以模仿前两个的形式将其充分表现；而如果非中文部分比较长，比较复杂，那么可以把中文部分做得比较有视觉冲击。

❹ 图形型店标，如下图所示。

普遍的图形型图标都是用来诠释品牌的。

图 1 是男士用品品牌“骆驼”，它的店标就是它的商标标识，一个骆驼加上英文商标名称。

图 2 是一家五皇冠的男装店的店标，这个店标上没有一个字符，只有一个男人在雨中的剪影。

图 3 是一家童装店的店标，“SINGBAIL”是它的品牌名称。

图 4 是一家四皇冠女鞋店的店标，如果不加上店名，单独看根本不清楚这家店的名称，只知道是卖高跟鞋的。

图 5 是一家母婴店的店标，和店铺内容倒还是非常搭配的，但是下面的英文品牌名称太不明显，所以给人的印象不是很深刻，不配合店名一起来看的话，也不会记得是什么店铺了。

所以，我们会发现一个问题：用图形作为店标的话，如果不带入店名或者品牌名，记忆力是比较有限的。因此要尽可能带上全面的信息。

❺ 图文结合型店标，如下图所示。

比较简单的图文结合型店标，通常会用图形来辅助诠释店铺名称。

图1:“我的心机”官方旗舰店店标。一个心形图形包围“我的心机”，相得益彰；而“我的心机”就是品牌名称，也是店铺名称。

图2:“我的美丽日志”官方旗舰店店标，也属于上面这种类型。

图3:“爱贝爱依”母婴店的店标，一目了然。把爱的拼音“ai”放大再加上心形的诠释也恰到好处。这是字母和名称共同存在的例子。

图4:“猴子藏宝阁”是一家五皇冠童装店铺。店标中的猴子头像，让人能够记忆深刻。蓝色、玫红色和黄色，都是儿童、母婴类目中常用的颜色，对于店铺的产品内容提示也有所帮助。

对于设计形态的选择，我们就举以上这么多的例子，每一种设计表达形态都有它的优势和劣势，我们在选择的时候，可以根据自己店铺的优势特征，用合适的表达形态来表现。

小技巧：来个响亮的 Slogan

什么是 Slogan？

Slogan 意为口号。它是一种较长时期内反复使用的特定的商业用语，作用就是以最简短的文字把企业或商品的特性及优点表达出来，给人浓缩的广告信息。

所以 Slogan 的特点是“简短，响亮，精华”，并且它一旦确定不会轻易变动。

例如淘宝的 Slogan 就是：淘！我喜欢。

NOKIA 的 Slogan 就是：科技以人为本。

脑白金的 Slogan 就是：今年过节不收礼，收礼只收脑白金。

当我们在淘宝上是一个小品牌、微品牌的时候，和大品牌的 Slogan 思路理念会有所不同，大品牌很多都是以企业理念和使命为 Slogan 的，而我们则注重以主要优势为 Slogan，更快地获取顾客的信任。例如，“100% 正品”就是一个常用于网店的 Slogan。

可以从以下几个方面去设计自己的 Slogan。

❶ 产品优势。例如：雀巢咖啡——味道好极了！

❷ 地位优势。例如：朵朵云——母婴五金冠

❸ 专业优势。例如：NALA——化妆品行家

❹ 特殊优势。例如：韩都衣舍——没空去韩国？就来韩都衣舍！

你了解 Slogan 了吗？给自己的店铺设计一个响亮的 Slogan 吧！

2.1.2 不同类目、不同行业怎么设计

不同的行业和类目，针对不同的顾客和不同的营销目的会有一些设计上的共性和个性，我们举几个例子来看一看。

1. 表现柔美型

针对女性的行业和类目，多数要表现出女性的柔美、娇媚，体现女人妩媚的味道，这里也搜索了一些例子，如图所示。

为了表现柔美妩媚的女人味，在字体的选择上，会选择能体现圆润感觉的圆角，能体现女性身段的纤细、高挑感的瘦型；把字体做一些变形处理，如“双妞”、“梦

莉娇”、“娇兰”都对字体做了拖尾，给字整体做了一个波浪线，线条的弧度感觉比较女性化。

在颜色的处理上，也是以女性化颜色为主，如粉色、红色是用得比较多的，其次是绿色、蓝紫色、紫色等。

2. 表现阳刚型

针对男性的行业和类目，要表现男性的阳刚之美，如下图所示。

和柔美型相比，明显看到字体要更加刚硬一些，字的棱角也要硬一些，体现了力量感。在字体的变形上，“与狼共舞”的第一个字和最后一个字，拉长了线条感；GXG 在字形上做了颜色的叠加，有了丰富的变化。

在颜色上也多以黑白灰为主，也有用到深蓝色的，如“衣品天成”，这些都是男性化的颜色，大红色和深红色是在男性化颜色以外使用到的红色。而玫红、紫色这种女性化的颜色几乎不会用到。

3. 表现可爱型

针对年轻女孩和婴幼儿的行业和类目，要表现可爱、萌的感觉，如下图所示。

我们可以看出，针对婴幼儿的店标，是后面四个，而针对女童和少女的店标是前两个。

它们的区别在于：针对婴幼儿类目的店标，在图形的设计上，会偏向于简单的线条、明快的色彩、鲜明的对比，线条和小动物用得较多。而针对“女童到少女”

年龄段的这种可爱型，会偏向于使用一个具象的女孩头像，或者是梦幻般的蝴蝶翅膀，颜色会用到粉红、浅紫、大红。

再来对比一下，也有针对男性类目的可爱型，它们又和以上两种不一样了。如下图所示。

发现了吧！同样是可爱型，它们也是萌萌的，但是现在变成了一个拟人化的动物，带有成人童话的味道了，是一种非常成熟的具有个性的可爱。

小技巧：打造自我个性的差异化店标

如果以行业类目来举例难免会千篇一律，因此我们以自我个性来分析吧。

每个店铺都有自己的个性，这是非常有价值的，在设计中我们也要体现出自己与他人的不同之处。

如上面的一些例子，就是从差异的角度来说明的。

如果要表现柔美，总会有一些柔美的因素表现在设计上，如字体、变形、色彩搭配。但我们首先要注重的是顾客的接受度，以顾客的角度为出发点，熟悉同行业的普遍表达形式，然后再做一些差异化的处理，让店标成为自己的一个个性标识，就是一个成功的店标设计了。

2.2 店标设计注意要点

这里我们分析一下优点比较突出的店标，它们好在什么地方，在营销方面它们主要起到了什么作用，再来看一些不合理的店标，分析它们的缺点。

2.2.1 几个优秀的店标案例

案例① 朵朵云店标

店铺名称：朵朵云母婴商城
优点：店铺优势最大化，为营销服务；颜色和字体运用适宜，为营销加分

1. 店铺优势最大化

我们可以注意到在这个店标上，并没有平铺直叙地直接标上母婴商城几个字，而是舍去了常见的"母婴店"，用了"母婴五金冠"，五金冠的店铺信誉是长年积累下来的，也是能够让顾客信任的最大的优势，让新顾客迅速产生兴趣。

2. 颜色搭配对营销起到积极的作用

❶ 蓝色和白色为主要颜色——给人蓝天白云的感觉，突出安全感、洁净感，同时还有柔软的感觉。

❷ 运用红黄蓝三原色同色系，赋予活泼跳跃的感觉。

这套颜色的运用，在同类目的母婴店铺中，一下子就脱颖而出了。

为什么要这样使用呢？这涉及类目的特性。这家店经营的是母婴类目，从准妈妈孕期的商品到宝宝出生后的各类用品。对于孕妇和产妇来说，能够接受的颜色都是很淡雅的，恬静的，不会喜欢很浓烈的色彩；蓝天白云的搭配，给人很好的联想——白云像棉花糖一样软绵绵的，很干净在视觉上这种搭配给人舒适的感受。而三原色的加入，则是给了这种配色画龙点睛的作用，有活跃的感觉，打破了沉闷，醒目且有趣。妈妈们看到这样的色彩会非常喜爱。

3. 字体运用得当为营销助力

字体同样是以柔软的感觉为主，因为妈妈群体的顾客对于安全感的需求是最大的，所以在字体上都避免了尖锐的角，避免给人威胁感和压迫感。对字做了变形，弧度的加入，圆角的加入，以及字体的变形都有圆润可爱的感觉；将部分笔画变成了圆圆的点，并且运用三原色，更加突出了圆乎乎的感觉，萌萌的很可爱。

三者合一，完美地表现了朵朵云的经营内容、经营理念，第一时间展现给顾客安全感、信任感，以柔软的表现手法用视觉传达给顾客。

案例② 不二先生店标

店铺名称：不二先生
优点：简单明了，个性鲜明，记忆深刻

1. 目标消费群体明确，是营销的前提

不二先生，名字非常简单，表达也非常明确。从店标上一眼就能分辨出这家店铺是卖男士用品的，且是英伦风，或者摩登风。

2. 能够很容易被记住，能让顾客有深刻的印象

店标上所用的这个男人的剪影，虽然是经过艺术处理没有五官的，但是标志性的礼帽、领结、小胡子，就是卓别林的样子，很容易被记住。

3. 拟人感

从这个店标透露出来一些个性的信息，能够激发顾客产生共鸣。喜欢和熟悉卓别林的人，会对这家店铺感兴趣，如果商品对路，会对销售有很大帮助，一个图形就概括了店铺的风格。

从另一个角度来说，店主选择了这么一个诙谐幽默的人物作为店铺的灵魂，也会让顾客对店铺产生拟人的情感。

这个设计可以说是“投机取巧”的最好例子，巧妙合理地运用了素材和简单的文字。制作起来并不难，却能够让人过目不忘。因此把它列入优秀案例，给大家作为参考。

案例③ 膜法世家店标

店铺名称：膜法世家官方旗舰店

优点：表现出了产品的特色和厚重感，给予品牌历史感

1. 主力表现产品特色

“膜”是主打产品，“膜护理专家”是Slogan，从“膜”字的诠释上突出了主打产品和特色产品，并且定好了产品的基调。“世家”暗示了其专业度、专注度和时间的长久度，这也是化妆品类目非常需要的长期积累的美誉和口碑。

2. 背景表现产品特色

森林一样厚重的绿色和森林里的各种植物点缀在周围，“森林感”非常浓厚，对比一般植物型化妆品都会使用的绿色来说，有一种历史的厚重感，和想要表达的感觉非常相符。

3. 配色

森林绿和白色字体的搭配很干净，对比明显。周围植物是暗红色，黄色像宝石一样点缀在旁边，感觉层次很丰富又不抢镜。

这个设计是一个很高明的使用绿色的例子。如果是化妆品类目，不知道如何驾驭绿色，这个店标可以作为参考。

案例④ PANMAX 店标

店铺名称：Panmax 旗舰店
优点：形象表达高度一致

这是个很有意思的案例，为此专门截取模特图片。惊喜地发现，店标上的小人头标志，和模特是一样的形象，都戴着帽子和墨镜，一幅嘻哈的样子。这样的一致性让店标和产品形象、人群形象高度统一，给了产品和风格很好的诠释。会特别容易吸引一样风格的消费人群，在顾客购买后更容易回忆起品牌形象。

panmax旗舰店 天猫TMALL.COM
卖家：panmax旗舰店 上海 上海市
主营：男装 t恤 潘·麦克斯 panamx 长裤 长袖衬衫...

销量20339 共264件宝贝 优惠20+

小技巧：促销打折才是营销感吗？

有人存在这样的误区：只有促销打折才会有营销感，只有红配黄的配色才有营销感！

这样的感觉是片面的，那如果一家店铺不做活动，它就不可以有营销感了吗？

对“营销感”最好的诠释应是：它能够受到顾客的喜欢，迅速引起顾客的关注，并且帮助提升销售效果。如“朵朵云”的“母婴五金冠”立刻会让新顾客产生信任感和尝试的勇气；配色和字体马上让顾客放下戒备，对店铺有了喜爱的感受。

因此，营销感，并非是促销打折那么浅显片面的。换言之，如果有促销打折的活动，哪怕不做设计，单凭低价格也会有不错的销售！

所以，我们更多的心思应该围绕在店铺的产品、服务、理念如何更好地在设计中表达出来，去为营销服务。这才是建立营销感的正解！

2.2.2 容易犯的错误

这里我们分析一些常见的错误，为了说明店内主营的商品，这里也放上商品的一些图片来比照，这样会更容易理解。

案例① 店标内容和产品内容不相符

隐去店名之后，店标和主营产品没有任何关联。这是个人店铺设计店标的时候容易犯的错误，很多随意设计的店标，都忘记了将个人品牌和店铺品牌，以及产品做匹配和关联，这样有碍于顾客的理解和记忆。

案例② 文字变形不清晰，无法分辨

在制作的过程中，Logo或文字的变形，造成看不清文字或内容的情况目前大范围存在。直接拿品牌

的 Logo 来做成店标时，应该注意店标文件是一个正方形，而有的 Logo 是一个长方形，所以比例上会不合适，需要再进行加工修改，如果直接拿来缩小，也需要锁定按比例缩放，才能防止变形。

案例③ 字体和样式太复杂

这个例子和上面一个相比，是文字太大了放不下，然后拉变形了才勉强放下。而下面的字体也太大，塞满了整个空间。除此之外还存在以下两个问题。

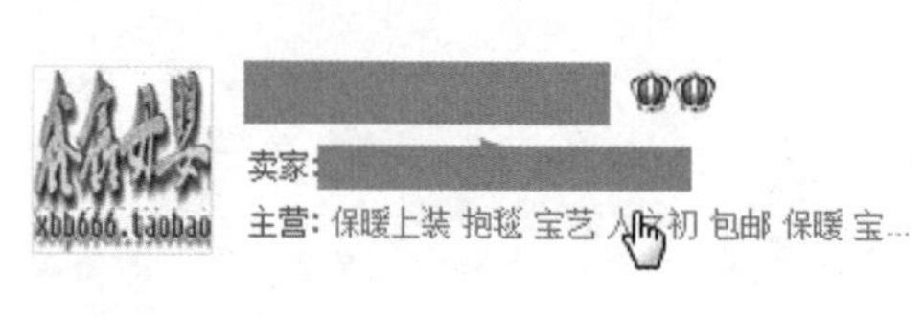

❶ 文字的字体和样式过于复杂，显得杂乱且看不清。

❷ 背景空间的留白不够，过于拥挤。

这样整体感觉就是过于复杂，太拥挤，看不清内容。店标的空间比较有限，所以无法承载过多的内容，过于繁复的样式，所以要学会做减法，做简单的设计，效果反而会更好。

案例④ 和其他行业有关联，误导顾客

这个店标的特征很明显，一眼看上去感觉是做婚庆行业的，但是店铺是做男装的。和第一个“米”的案例不同，“米”至少是和个人名字、店铺名字挂上钩的，只是和产品未挂上钩。而这个案例，则完全误导了观者，和店铺名称也没有任何关系。

卖家:

主营: 男装 t恤 ot 外贸 8xl 半袖 超大 纯棉圆领...

销量1842　共459件宝贝 优惠9

¥55.00

同样类型的案例如下图所示。

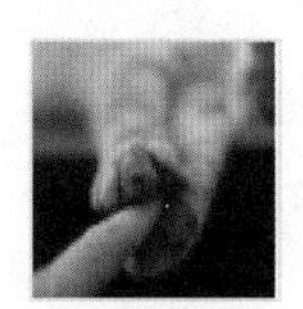

卖家:

主营: 男装 背心 blackboy he1900 长袖衬衫 潮...

销量4400　共7302件宝贝 优惠20+

¥55.00

案例 5 把简单的弄得复杂了

这个店标设计得有可圈可点之处，起码“雷”字还是非常突出的。但是在六边形里加了上下两行看不清的蚂蚁小字，且在Logo里这两行字是不存在的，削弱了本身的表现力。

天猫 TMALL.COM

卖家:

主营: 大码男装 加肥加大男装 大码T恤 大码衬衫...

优惠券20元　优惠券50元　优惠券100元

销量5082　共163件宝贝 优惠20+

¥109.00

案例⑥ 中文部分表现力太弱

店标中英文部分其实就是个符号，重点是在中文部分。这个店标的中文之所以表现不出来，一个原因是内容过多过长，所以字体要非常小才能排下一行。因此，可以将“千纸鹤男装旗舰店”修改为“千纸鹤男装”，把下面的Slogan去掉，这样表现效果就会更好一些。

天猫 TMALL.COM

卖家:

主营: 男装 衬衫 千纸鹤 长裤 潮流 弹力 韩版 简...

销量14653 共357件宝贝 优惠20+

Q|ZHIHE
千纸鹤男装

¥168.00

小技巧：怎样增加店标的表现力？

对于店标的设计我们应该做到以下几个基本要求。

1. 文字信息内容编排合理，不要过多，不要超出表现范围；
2. 颜色搭配合理，和店铺类目、产品内容相得益彰；
3. 店标上所有内容清晰可辨。

想要有大牌感吗？去搜索你心目中的大牌的店标、Logo，你会发现，越是大牌，风格越是简约，没有太多花里胡哨的干扰，简约而不简单，浓缩的才是精华！

2.3 关于给店铺起名字

如果还未确定店铺的名字，就无法制作店标。那么可以有选择性地看这一小节的内容，这里我们分析一下淘宝上一些品牌店铺的名字，给未起名字的店主做一些参考和帮助。

案例① 果粉诞生记

之前有朋友想做一个卖手机配件的店铺，让我帮忙给他做一个店标，但是名字就一直很有争议。这位朋友想把店铺的名字叫作“手机SPA加油站”，认为这个名字比较有内涵，不过仔细想一想，店铺主营更像是手机翻新、手机修理，或者是手机电池的经营类目。

作为另一个考虑，这么长的名字，店标还没有巴掌大，这么小的地方根本放不下那么多字，如果硬要用这个名字的话，只能做成动态GIF图。

我们在讨论的过程中，聊到了店铺主要经营什么配件，以及商品的特性，于是这位朋友说：我只做苹果手机配件，并且我只做正品，我很崇拜乔布斯!

得到了这个信息之后，豁然开朗，起了一个名字叫“果粉”。

❶ 只做苹果手机的周边和正品配件，是苹果手机的粉丝；

❷ 崇拜乔布斯，是苹果品牌的铁粉；

❸ 喜欢用苹果手机的顾客群，刚好是“果粉”。

这个名字和之前那个比较起来，更形象，更贴切，也更容易记忆，这无疑是对营销有极大好处的。

于是就有了“果粉”这个店标。

那么给店铺起名字，要注意什么，讲究什么呢？一个响亮的名字是要跟着店铺打天下的，以后会拥有众多的顾客，也许他们认的都是店铺名字！

我们可以先分析一下成功的店名，看看这些品牌的名字为什么这么成功！

案例② 韩都衣舍

韩都衣舍 HSTYLE®
韩风快时尚领先品牌

HSTYLE
韩都衣舍

韩都衣舍的名字非常好理解，“韩式”风格，衣舍是服装类目。看到名字就能了解店铺卖什么，这是一个好名字的先决条件。

其次，因为风格明确，而很多女性顾客都喜欢韩剧，所以就有了相关的联想和记忆。

“名字好理解，与经营内容有很大关联，能够引起顾客的联想和记忆。”

案例③ 裂帛

向_内_行_走_
LIÈBO裂帛

向_内_行_走_
LIÈBO裂帛

裂帛能让人记住，是因为这个名字很怪异很有个性，“撕裂的布帛”，这个名字加上店铺是原创设计师风格，设计的服装都是特立独行的改良式民族风，再加上模特的风格特别，给人非常深刻的印象。后期裂帛有了新的自我解读：向内行走，做最好的自己。

敢于在服装上特立独行的人，在内心里也都是自我而有个性的，因此裂帛的名字和品牌解读与目标群体高度一致。

“独特、个性鲜明引起强烈共鸣，让顾客有喜爱的理由。”

案例④ 三只松鼠

三只松鼠
全网坚果领导品牌

三只松鼠在坚果类目中取得的成功和它的名字有着非常大的关系。因为松鼠是吃坚果的，而且松鼠挑食，坏的坚果不吃，这是一个很好的联想，松鼠的坚果都是好吃的坚果。其二，这个形象设计得非常萌，包装上的形象在搜索商品时一下子就被吸引了。再加上这个品牌一直用三只小松鼠的口吻与顾客对话，所以这个关联一直深深地持续下来，深入人心，坚果类目中估计没有第二个比它更好的名字了。

“可爱萌萌的名字，和经营内容完美匹配。”

案例⑤ 骆驼

和三只松鼠比较相似的还有“骆驼”，骆驼给人的印象是在沙漠中很有耐力的动物，这个名字用在户外品牌上面，给人的联想就非常好。因此这个名字也诠释了商品的品质和户外精神。

“诠释品牌的动物形象，就像一个代言者。”

案例⑥ 好联想的名字能带来好印象

船长海味 旗舰店
不到海边 吃遍海鲜
所有分类 首页 1212万能盛典 海鲜保温箱 当季海鲜

我们可以发现，好名字一般和商品、品质都会有关联。它们朗朗上口，好叫，好记忆，但是又和平凡普通得让人记不住的那种名字不一样，会让人产生一种独特的记忆。如果名字与品质产生了正向的好的方面的关联，那么这个名字就会赋予品牌良好的印象和感受。

有一些名气还不大的店铺，名字也起得很好。例如最近关注到一家店铺，名字叫作“船长海味”，店主每天出海，出售新鲜海产品，这个名字就非常贴切，生意也不错，顾客的信任度很高，也很喜欢和店主聊天。这个名字不仅好记，容易让人产生联想，还有亲和力。

而有的名字则有一些不太合适，这里也给出一些案例一起来分析一下。

案例⑦ 不顺口，容易记错的名字

例如这家店铺的名字叫“准美丽妈咪”，是做孕妇装的。这个名字虽然好理解，和经营类目也有关联，也有“美丽”的美好联想，但是因为不符合大多数人对这个词语的联想方式，就会让人产生怪怪的感觉，并且这个名字很容易记错，可能是因为抢注没有成功，或者是在模仿其他名字，总让人感觉有些缺憾。

案例⑧ 类目难分辨或者错位的名称

这家店铺的名字叫“小新娘”时尚女装，这家店铺做的衣服是女装，但是和“新娘礼服”一点联系也没有，这就容易让顾客产生理解上的错误。

案例⑨ 看不出经营什么商品的名字

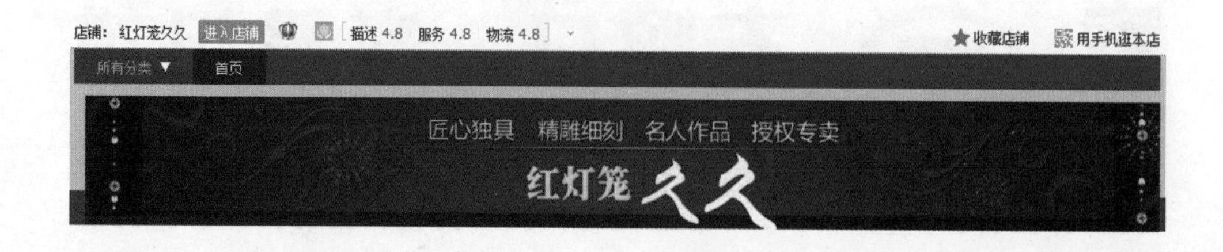

这家店铺的名字叫"红灯笼久久"，单从店名上几乎看不出经营的是什么产品，并且这个店名读不通顺，也难以让人理解，所以不算是一个很好的名字。

案例⑩ 乱用英文的名字

这家店铺是做流行女装的，风格也不是欧美风格，也不是进口品牌，但是起了一个这样的名字，还不加中文名称。这种名字连理解起来都很困难，就更别提被顾客记住了。因此在给店铺起名字时，尽可能用中文，慎用英文。如果要用英文，要把英文当作一种符号，同时给出中文名字。当然，如果你的顾客群体是留洋白富美或小资白领，就是喜欢拽英文的话，你可以尽情地使用英文。但是如果你的顾客群体大多数是普通大众，那还是请踏实一些，毕竟你需要顾客能够念出你的店名，并传播你的店名。

案例⑪ 弄巧成拙的名字

如果不是研究店标，我也很难仔细去看这个看起来毫无记忆点的名字，结果发现这个"青争"很像"静"字，再仔细一看店主旺旺名，果然是叫xiaojingXXXX。也许是为了弥补当年注册名字没有注册中文的遗憾，但是为什么店名要搞得这么复杂呢？这还不如直接注册一个"静美食"来得更好呢！

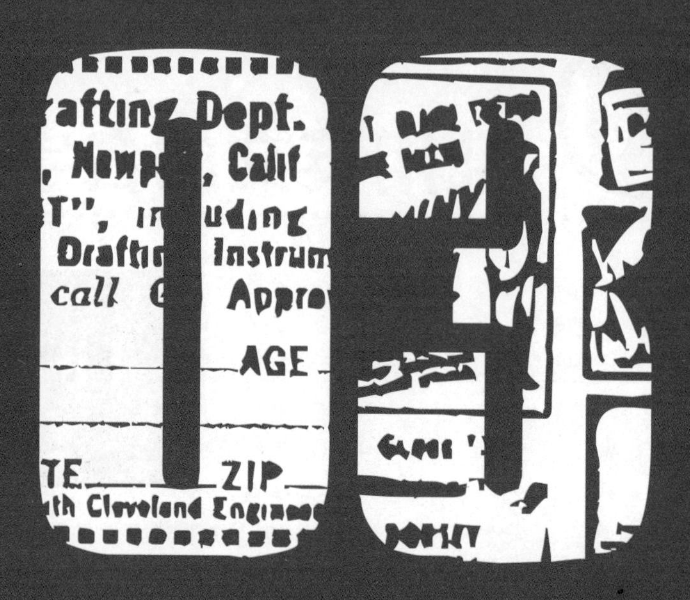

顾客喜爱的店招设计

我们不把店招单独来看，因为现在的店招设计大多数和导航栏联系紧密，所以我们把店招和导航栏结合在一起，统称为页头。页头是整个店铺最醒目的地方，它既是店铺的精华展现，又是所有页面上都能看到的地方，承担了表达店铺定位信息和营销信息的重要工作。如果想要做好营销，不能不重视页头和店招。

既然如此重要，最容易犯的错误就是把能想到的信息全部往店招上堆积。这样做的结果往往是：什么都想表达，却什么都表达得不清晰；想说得太多，结果顾客一个都没看懂；重点太多，结果没有了重点。

想让页头达到好的销售效果，首先需要对页头传达的信息进行提炼、浓缩和取舍，留下重要的，去掉不重要的，并把重要的放在醒目的位置，进行信息的筛选和视觉处理。

店招到底要表达什么？这涉及店招上所有文字内容的文案，我们在做页头店招部分之前，需要先对它们进行策划和思考。

3.1 准确定位是关键

店招要说明“我是谁”，表达清楚，让顾客一眼看明白，这是店招的首要目的。然后才是促销信息，如果只重视促销信息，而不重视店铺定位表达，就是本末倒置，捡了芝麻丢了西瓜了。

一个保持清醒的营销头脑的店铺对自己的客户是有意识地去挑选和迎合的，如果说在店铺产品设计的前期是在追逐客户的喜好，在寻找顾客心中的那个“谁”，那么开店营业之后就要清楚地告诉客户“我是谁”。顾客也在寻找这个心目中的“谁”，说不清自己是“谁”，顾客也就记不住你是谁。

以上的表达，也可以简单地归纳为两个字“定位”。

在这个定位过程中，我们要经历几个阶段：自我定位、精确提炼和传达。

3.1.1 自我定位

自我定位是对自己有一个清楚明白的认识。

自我定位很重要。我们在说到视觉的时候，往往要先说明这个问题：如果文案很差，视觉做得再优秀也难以弥补这个缺憾。因为没有灵魂，没有要表达的核心，做得很漂亮顾客也不知道你到底想说什么。而相反，如果知道自己想表达什么，哪怕图片做得稍微差一点也没有关系，顾客也能看到你想表达的意思。因此，清楚自己要表达什么，是重中之重。

困惑 1：我和其他店铺卖同样的商品，也需要说明“我是谁”吗？

是的。就像我们很熟悉的线下超市，卖的东西也大同小异，你可以说明“华联超市”和“家乐福超市”销售的商品有什么区别吗？也许这两个超市的商品区别并不大，价格也相差无几，但是超市的品种是否丰富，服务员是否热情，服务

态度是否好，超市里面怎么布局和陈设，水果是否新鲜，这都打上了“我是谁”的标签，积累成顾客的综合整体感觉，因此顾客总会从几家超市中去选一家自己喜欢的，经常去购物。

还是拿超市为例子。“武商量贩店”和“好又多超市”以及“沃尔玛超市”“麦德龙超市”是不是也有区别呢？如果这几个超市你都去购物过，也许你就会给它们一个不同的描述，而在你还没有接触之前，你也会认为它们都是超市，应该都是类似的。

这四家超市在“定位”上都是有区别的。从名称上可以反映一二，简单说一说：“武商量贩店”因为有“量贩”二字，给人的感觉会偏重于“大量购买价格会优惠”；“好又多超市”给人的感觉是“物品丰富，质量又好”，价格相对来说就不是它的优势了；“沃尔玛超市”给人的感觉是“国际连锁，有实力并且购物面积大，品种繁多”，因为它的名字是音译，给人的感觉比较国际化；“麦德龙超市”给人的感觉是“很多进口商品，大宗成箱采购，针对公司”。

你看，就算是超市，卖类似的东西，也都有一个很明确的定位。而顾客在接触这些超市之后，也会认清哪一家自己更喜欢，而去经常购物。

所以，就算是卖同样的商品，街头这一家和巷子尾那一家也是有区别的，也需要说明“我是谁”。

3.1.2 精确提炼

自我定位完成之后，会发现要说得太多了！也许用感觉无法表达清楚，要用很多的形容才能说明。如果你有这样的感受，那说明如果原封不动地表达出去，顾客也有同样的感觉（冗长，啰唆，不明所以）。而顾客停留在一个屏幕范围内的时间是极其短暂的，一般只有十几秒甚至几秒，如何让顾客在这么短的时间内，理解我们想表达的意思呢？网页设计第一要素就是：Don't make me think！不要让顾客思考。因此我们就要提炼出精华，简短有力地表达。

困惑 2:“我是谁”用 500 字都无法表达清楚，要把这些信息都放到店招上吗？

500 字都无法说完整的“我是谁”，没有经过信息的提炼。如果连自己都无法提炼，又怎能让顾客理解呢？而且顾客有耐心看完 500 字吗？

500字我们要先经过提炼后变成5个字，一个符号，一句广告语，变成精粹，一语击中人心。

一语击中人心的魅力在于让顾客马上感同身受，不需要自己去揣摩，店铺自己说出来自己是什么，双方一拍即合。而要做到一语中的，就必须要有所取舍，不能一股脑把未整理好的信息，都胡乱塞满店招这块巴掌大的地方，而是要让顾客扫一眼就能清楚得看到，感受到，理解到。

注意：顾客关注你的店招也许只有短短几秒钟，而且并不会像线下广告那样一再重复地在黄金时间段循环播放，关掉店铺页面也许就不会再有第二次来看的机会。如何在短短时间里迅速抓住顾客的眼球和需求呢？

浓缩的都是精华，简短、明确、有力量的广告语和Logo，比冗长不知所云的文字的效果要明显好很多。

3.1.3 传达

经过以上两个过程之后，就要把这些经过精确提炼的自我定位，通过图片、文字或符号表达给顾客看。传达的方式也会有好坏的区分，主要在于，想表达哪些？重点突出哪些？用的方式是否是顾客所能够接受的？理解起来会不会有障碍？

困惑3：“我是谁”就是告诉顾客我的品牌名字或店铺名字吗？

名字重要吗？重要。店名是必须要放在店招上的内容之一。但是类似的名字太多，所以单纯记住名字很难，除非有一个特殊原因，让这个名字生动活泼起来，具体化起来，充实起来。而如果这个名字起得很特殊很好记，但是和产品关联度不是特别大，也很难被顾客真正理解和记住。

所以相对于名字来说，更重要的是具体的内容，“我是一个怎样的XX”，帮助顾客去理解一个具象的品牌，由此记住名字就容易很多。所以我们在表达名字的时候，也要表达“我是怎样的一个店铺”，“我卖什么样的产品”，“我的产品有什么特殊优势”，甚至“你用我的产品会得到什么好处”。

看上去就很复杂对不对？是的。要表达清楚以上的观点，并非一件容易的事情。下面给出一些淘宝上的店招来做案例，进行更详细的分析和更直观的对比。

3.1.4 店招案例分析

案例① 突出产品或品牌优势制造兴趣点和记忆点的做法

这个店招的信息量有点多，我们分析一下，它主要说明了几个信息。

Wellber：英文标识，作为一个符号识别，对于中文意思没有太多的诠释，没有记忆点，但是会给顾客微弱的国际感，不要小看中国消费者崇外的消费心理。

婴童·彩棉：主要做的是什么。

威尔贝鲁婴童服饰店：名字拗口、难记忆、太长。

棉花图案：呼应彩棉。

无印染·更安全：用框框起来变成最醒目的一句话，这是灵魂所在，如果没有这一句，这个店招就毫无记忆点了。

全网婴童彩棉创领品牌：看起来像是Slogan。如果把这一句作为Slogan，就没有什么意义了，因为这句话抽象极了，普遍极了，所有品牌都在做创领人、领导者，消费者已经麻木了。

收藏送5元优惠：促销信息。

暗示：背景的质感、配色，棉花图案，缝线框，增强了无印染、更安全、彩棉这些信息。但是背景质感选用的是略硬的棉麻，和婴童的柔软触感还是相抵触的，这是一个可以再优化的地方。

这个店招整体来说比较乱，信息比较多，想表达的也比较多，但是它还可以算是一个成功的店招，因为它起码完成了一个重要的使命：我是谁。也许顾客记不清它的店名，但是可以一眼看到的信息是：无印染，更安全。迎合的也必然是崇尚安全，注重材质的顾客，价格高一些也是可以接受的，符合产品价位和产品特性。相对于促销信息一堆的店铺来说，记住一个卖点，比记住一堆促销信息更好，促销信息是任何店铺都不缺的，而关掉页面之后，顾客还能记住你的店铺的，不多。

所以，如果店名冗长啰唆不能朗朗上口也不好记忆，如果 Slogan 太普通太普遍，如果促销信息不具有诱惑力竞争力，起码要突出一个主要卖点作为讨好顾客的手段。

为了好比较，我们用同类产品的其他相似店招来做对比。

这是同一品牌的另一家店的店招，这个店招并没有突出产品的优势和特性，只是把优惠活动表达了出来，并且占据了很大的篇幅。只是在左边给了一块集中的地方，把品牌标识放在上面，用相对醒目的方式交代了“我是谁”。

显然后面一个店铺更想卖出东西完成销售额，前面一个店铺更想宣传品牌给顾客好的产品。对比这两个店招，哪一个更好？

对于完成销售目标来说，如果店铺里有大量活动，本身就能帮助完成销售额，只需要把活动内容放在对的醒目的位置，让进店的顾客都看到，就可以达到目的了。所以在这种情况之下，后一种店招的效果更好。但同时促销信息所占面积过大，削弱了品牌应有的表现力，在短期内因为价格因素给顾客造成刺激之后会让销售陷入低迷，并且有培养顾客非低价打折不买的购买习惯的风险，要慎重。而且一个店招上放了多个活动信息，也实在是太多太满了，应该对这些信息再做简化处理，如果非要这样也要把面积精简，形式做得让顾客好接受一些。

如果时不时就打折，活动太频繁，势必会影响到品牌价格，对品牌造成一定的负面影响，所以在平时没有活动的时候，我们应该采用更好的方式来表达产品的特性和优势，让顾客有良好的记忆和感受。

再看一下另一家同类产品店铺的店招。

相对而言，这个店招就更为合理，左边是品牌标识Logo，中间是比较合理的

产品特性特点，“可以吃的彩棉小衣”迎合父母希望给宝宝安全性更好、材质更佳的贴身衣物的消费需求，并且独创“可以吃”这个非常具象的比喻，几乎是其他同类店铺所没有提及的，不仅是给出了一个新标准，还创造了一个非常好的记忆点。右边提到了领先品牌，因为有“可以吃”在前铺垫了好感，更能增加顾客的信任感。最右边是全店活动强推，简单清晰好辨识，并且符合品牌形象，做了一个“2 件减 10 元”的全店活动。

这个活动设计也是比较有讲究的。试想一下，如果前面说了“可以吃”这个安全性，给顾客一个比较好的印象和期望值，这里再来一个单款商品的低价强推，如“39 元包邮”，岂不是煞风景？因为面料讲究一定会价位略高才符合期望值，39 元包邮会削弱这个营造出来的信任感，变得廉价了。所以这里放上不引导低价的活动是正确的做法，不产生直接对比，让顾客有一个高期望值，心理价位也会增长，然后点击页面进去看，如果价位相符合也很容易接受，如果价位略低于心理价位，则会觉得“很便宜”，更容易成交。唯独如果把便宜的价格放在店招上，和左边信息直接一比对，就显得不可信了。

这个店招的标识、Slogan 都没有问题，因为要做高品质所以把自己简化得很

干净（大牌的做法一般都是极简主义），也符合“天然”的感觉，不做太热烈的活动，只是在“新品上市”上略做提示。整体符合店招的基本做法，但从营销角度来说，略有些亲和力不足，记忆点不明确。在线下实体，奢侈品大牌要拉开距离，高高在上，才能拒绝普通顾客，引来高水准顾客，就连打折都要关起门来只卖给熟客，其作用是为了避免折扣商品流入街头巷尾降低了身份。但是对于网店来说，还是要有亲和力和记忆点的，否则关掉页面就已经不记得看的是什么了。如果有记忆点能引起顾客兴趣，起码能够得到收藏，有收藏就会有再进店的机会。

以上这四个例子都是同一个类目的产品，有着类似的产品特性和优势，却由店招开始呈现出完全不同的营销感觉。我们会注意到，一个有品牌感觉的店铺，整体来做营销规划的时候，在店招这一块是很清晰的，店招要放些什么内容，文案会经过仔细斟酌和规划，这样能更好地表达出“我是谁”。

案例② 打造自己和别人的不同——强调店铺与众不同的优势

这个不算是品牌的Slogan，也跟产品没有太直接的关系。这家店铺想要告诉顾客的是一个承诺，“我们承诺高品质，特定独家款式”，一个口号，“凭良心做事，不满意直接退款，不需要理由”。大致搜索一下，南极人的官方店、直营店特别多，南极人品牌的商品千千万万，同质化竞争如此严重和激烈，大家都在拼价格拉客户。这家店转战服务，着重在店铺服务上突出优势制造兴趣点，是区别于其他店的一个记忆点。为了突出这一点，丢弃了促销小广告，用醒目的位置，清晰可辨的字体，沉稳的颜色，给人一种面对面喊出口号，面对面接收到承诺的感觉。这个表达很直接也很管用，可以有效地帮助信任感的建立和好感度的提升。

而这个店铺的南极人给人的感觉早已经不是南极人品牌了，顾客所看到的只是缤纷的色彩，闪动的促销，也许有的人觉得这种店招很热闹，很有促销感，但是只要价格低，管它是南极人还是北极人呢？品牌已经被促销信息淹没了，顾客选择的是“便宜的衣服”。

几乎所有卖南极人商品的店铺的店招，都是花花绿绿一堆促销信息和一堆闪图。而上面第一个干净清爽的店招，从花花世界中脱颖而出，很难不给人留下印象和好感。最起码它让顾客看懂了它是谁，而不是一堆毫无品牌个性的促销信息。

当然，仅从店招角度来对比，目的明确确实要好过一堆小广告。

案例③ 多品牌店铺突出专业度

同样多品牌多产品的店铺也是如此，如NALA旗舰店。

NALA的品牌标识非常简单，个性也十分鲜明。Slogan就是化妆品行家，因为它是一家多品牌多产品的店铺，所以它无法给某一个产品定位，也无法依附于某一个品牌的产品，但是它需要突出的是“行家”。因为是行家，所以商品更多、更全、更正，更能保证价格和服务质量。因此它无须过多修饰，只需要突出左边的这个 Logo 和 Slogan 就可以达到很好的表达效果。

NALA 皇冠店也是如此，保持一致的简洁直观的表达，提供搜索和详细分类以帮助顾客在海量商品中搜索。从另一个方面讲也是人性化的设计，也暗示了商品数量庞大。

适当的大面积留白，简洁的店招，功能性的设计，集成化的标识，这些组合起来给顾客的印象是"大牌"，"高级"，"正规"，因为它特别像网站而不像网店，在视觉上让顾客的心理形成了非常有说服力的感觉。

试想，如果一个多品牌的店铺做成一般 C 店那种凭店主喜好来设计的店招，到处都是广告，各种字体，各种粉嫩颜色，各种卡通头像……那这个"行家"也许就要大打折扣，而且顾客问得最多的问题可能就是"是正品吗？"

案例④ 突出异于常人的优势

SHIPBOSS 市舶司
Made in Korea

新人专享　拍前必读　会员制度　市舶司品牌故事　手机专享

所有分类　首页　NEW　BEST 50　TOP　DRESS　OUTER　BOTTOM　ACC　现货48小时发货　满500顺丰包邮

新人专享　首次购物顺丰包邮

这家海外代购店铺的优势是所有产品都是从韩国进口的，所以在其店铺品牌(深色视觉焦点处）下面有一行字“ Made in Korea ”。因为这行字紧挨着视觉焦点，所以它是很容易被看到的。

而它把店铺活动“ 新人专享 首次购物顺丰包邮 ”挪到店招下面，不放到店招上，也是一种处理店铺公告和促销信息的好习惯。这样有助于帮助顾客减少浮躁心理，静静往下浏览。而且干净大气的店招配色也给人高级大气的感觉，整体提升了店铺的品位和档次。因为代购本身价格会比较高，而且需要等待一段时间，如果顾客没有耐心，或者追求低价，显然不是店铺的目标客户了。因此，店招很好地诠释了店铺想要表达的这一信息。

案例⑤ 在店招上强调调性 给予视觉直观感受

和产品定位的文艺风格一样，店招应该作为点睛之笔强调文艺范儿。

我们分析一下，它是如何强调自身的调性的。

Logo+ 店名区域：字体的写意功不可没，由字体和配色传递出的信息很强大也很复杂，但是直白地告诉你，我很“ 文艺 ”。

中间看不清看不懂的小字：我们把它作为符号来看待即可，它也就是起到传递一种调调的作用。

当生活遇见记录者：这一句与太多华而不实的 Slogan 比较起来，精彩很多。如同一种生活感悟，如同一种生活态度，又如同站在时光里的过客、记录者、第三人。喜欢文艺范儿的顾客会很直接地被吸引。

右边的优惠信息：排列整齐并且中间大段留白，空间疏密合理。

收藏不醒目，但是在优惠信息的右边就能看到，所以无须太大也不用太抢眼。

配色：背景米白，店名、Slogan 为深褐色，红色作为点睛使用。

一个文艺范儿的店铺，店招是用来说故事的，因为它要带入它的某种情结，某种调调，让顾客能够深入其中，通过情感的共鸣而喜欢上它的商品，这就是成功的营销。

上面这个店招简单到这样的设计，只有一个 Logo 作为店名和突出的视觉焦点，右边给出诠释和一句可能会变动的小诗，去渲染那种怀旧的感觉，配合以朴素做旧的颜色搭配，突出一种温暖的感受和心情，这就是它想要表达的“我是谁”。

所以，如果你是一个有调性的店铺，在店招上就要保持一致的调性，并且要更加突出，在顾客进来看到的时候去感动他，同化他，营造出这样的氛围和使用场景，给出一个鲜明的感受。否则，如果一店文艺范儿的衣服，用了一个批发商一样的店招，挂着各式俗不可耐的促销信息，感觉就大打折扣，甚至看着也不是文艺范儿了，还有点土里土气的乡土味道了。

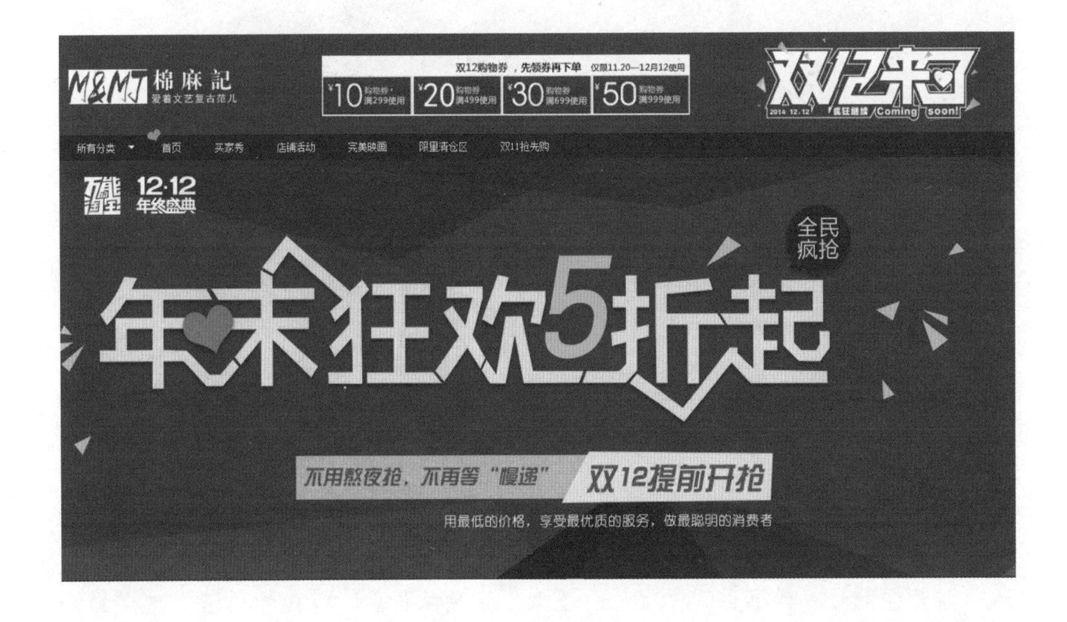

这个店招还是文艺范儿吗？通过这个店招能了解这家店铺的风格和商品吗？这就是一个被“简单粗暴营销方式”洗脑同化了的产物，有点四不像了。喜欢文艺风格的不会喜欢这样的店招和视觉，没有了文艺范视觉的冲击和震撼，怎么对商品产生兴趣呢？而喜欢低价促销的顾客，又怎么能轻易接受这种文艺风格和相对较高的价位呢？就算再怎么打折，也不可能像街头地摊货那样自“贱”身价吧！

这样店铺的受众就会产生很大的偏差，可谓是捡了芝麻丢了西瓜。文艺风格店铺还是需要把促销信息的形式表达与店铺风格保持一致的，削弱纯粹促销轰轰烈烈的感觉，将这种格格不入的影响控制在最小的范围，尽量不干扰店铺原有风格氛围的表达。

下面这个店招的处理，也是一种弱化促销信息之后比较和谐的表达。

南瓜谷
NAGUAGU
原创复古轻文艺设计
since2010

经过弱化强推商品和上新商品的促销信息之后，做出有文艺感的视觉处理，并通过强调有文化感的标题，如“冬”、“晴”，增加了文艺感的氛围，而“上新”则藏在下面一行小小的文字里，不大，不刻意强调，但能看得清。这样的处理很和谐，符合整体氛围，顾客也能接受。而店招右上的商品强推，不用放什么乱七八糟的文字，顾客也就会自然而然地被吸引而点击进去。

案例⑥ 化繁为简的直观表达

这个例子就是想说明，只要你说明白了自己是谁，就不需要太复杂，极简主义也可以有营销感。

这是一个非常简单的设计，简单到没有任何啰嗦的东西，一个店名简单明了，店名下面是店铺的卖点（主营风格），下面用黄色标出来的就是想引导顾客去的地方：周二上新。左边一个收藏，右边一个二维码，下面是店内搜索条，功能齐备。越是简单明了越是能让顾客清楚地看到，不用动脑筋也不用去辨识，自然美好。这样的感觉看上去有一点偏欧美，好在普通商品也可以用，适用范围比较广。

再看一个视觉冲击力比较强的例子。

这是一家原创设计师店铺，店主叫“思思”，店名叫“恋上 17 号”。因此极端简化之后设计出来的 **Logo**，就别出心裁地变成了店招上的这个标志。当然，这样玩的前提是，这是一家有众多粉丝的原创设计师店铺，所以它具有设计感的简单店招就显得很有视觉冲击力，让顾客喜欢、拥戴，而且这也符合了它原创的这种特性。如果用在普通店铺上，就显得信息量太少，所以要使用的话就要谨慎了。

再举个反面的例子，这种情况很常见。有的店铺想把自己弄得很复杂，花纹背景、字体都下了很多工夫，但是唯独不做精确提炼，表达的效果反而不如那些提炼成精髓、设计极简的店招。

这样的店招，和前面的其他店招相比，它的效果就差了很多。仅仅只是有一个让顾客揣测的不好记忆的冗长的大众化店铺名称："Dida 精品欧美女装直营店"，基本让人看过之后无印象，一堆繁复花纹过于抢眼，盖过了店招上其他的小字。这样未经提炼的定位和未经过信息分层的设计表达，效果就不那么清晰直观。

案例⑦ 太多信息堆砌会让效果打折

这个店招，显然太心急，未经过精准的定位提炼，索性把自己认为的好信息都放上去，而且放的位置也不对，不仅在店招上出现了大量的文字，而且应该重点强调的 Slogan“妈妈喜爱，医生信赖”反而小得看不清了。而中间和右边出现了过多的图片信息（一个宝宝，一个抱宝宝的妈妈），还有一个产品强推，把整个店招塞得满满当当的。没有经过信息分层和过滤，信息爆炸了，风头全被产品强推抢去了（颜色醒目，字体大）。

再说强推的商品，在这里出现得也并不恰当，给人的感觉就是 999 元好贵啊！因为顾客看过的两三百元的同类产品已经很多了，猛然来一个 999 元的，刚接触的顾客就有点承受不了，所以产品强推的效果也不会达到预期。因此，没有把“贵有贵的道理”凸显出来，而强加给顾客一个“贵”的感觉，就有一点太直接了。

整个店招本想给人高端大气上档次的大牌的感觉，却因为信息提炼和表达不当反而给了顾客一个贵的感觉，真的是得不偿失了。

而它本身的信息应该来自于这个品牌在线下的自我定位。

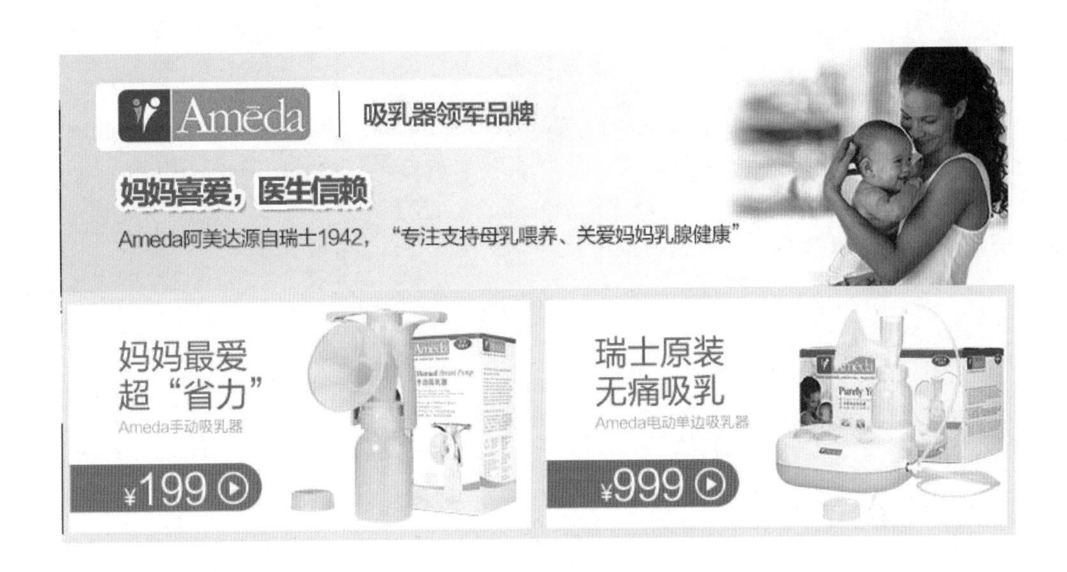

可见这个店招的错误是因为，当把品牌的信息转变成网上店铺的店招时，并没有理解品牌信息想要传递给顾客一个怎样的氛围和感受。仅仅是这里摘抄一点，那里拼凑一点，只是没有意义的信息堆砌。这也是没有品牌经验的店铺常常容易犯的错误。

案例⑧ 各种错乱的感受

这家店铺叫“爱玉”，也设计了Logo，乍一看左边部分的Logo加店名，从名字上的感受是经营玉器的店铺。结果下面导航栏的商品分类是陶瓷花瓶之类的瓷器，居然还有香炉和加湿器。

再看右边，爱玉，爱瓷器，爱生活，本来这个说法勉强能够说得过去，结果背景上又用了一只千纸鹤，感觉和瓷器又不一样了。

所以这个店铺给人各种错乱的感受，白白浪费了这么好的名字，这都是前期策划不到位，自己没有想清楚想要表达什么导致的结果。因此，名字，经营范围，各种颜色、素材的搭配并不是胡乱凭个人喜好，想怎么来就怎么来的，它们都是围绕着想表达的意图，为营销而服务的。

小结：

❶ 先弄清楚，我是谁；

❷ 精确提炼，简短有力量的广告语；

❸ 传达给顾客，我是谁；

❹ 根据不同时期的需要，做出小部分的调整。

店招需注意和商品风格的一致性，突出优势和个性，抬高商品的身价；不需要太复杂，尽量做减法，留下最重要的最想展示的内容，往往更能一语中的，击中人心。

Slogan——品牌广告语

Slogan 是个好东西，用简短的一句话作为口号、标语、广告语，来进行“我是谁”的具象诠释，给予一个生动有特性的想象，并且不断重复，是一个非常好的载体。

可是，Slogan 用得不恰当，充斥大街，会让人觉得平淡无奇，有等于没有。在线下企业，Slogan 往往是由品牌策划公司经过提炼包装之后做出来的，而现在网上店铺多了，有的就是自己凭空想出来的，或者是鹦鹉学舌模仿成熟品牌，所以现在网店的 Slogan 品质就大不如我们所理解的 Slogan 了，这是一种“伪 Slogan”。

什么样的 Slogan 好，应该如何去定义 Slogan，下面给出一些具体的案例分析。

案例① 每个人都想做领导品牌

朵拉朵尚 天然为本·仁心制皂 中国手工皂领导品牌

首页有活动 洁面神器 秀出美手 黑头终结者 专业去鸡皮 微淘专享 品牌经典

Youful 优芙® 收纳家居引领者

所有分类 首页 29.9包邮区 19.9包邮体验专区 兜里还有十块

贝思力 Beceli 只为休闲梦想 互联网家具领先品牌

手机收藏店铺

如果一个从来没有听说过的品牌，说自己是领导品牌，有可能在行业内是真实的，更有可能是店铺自我感觉良好。有这个自信是好事，说自己是领导品牌，也是想在顾客心目中留下一个先入为主的好印象，让顾客更加信任品牌。但是试想一下，如果顾客在看同类产品时，或者逛各种店铺的时候，10家有8家标榜自己是领导品牌，这个“领导”是不是也会大打折扣？久而久之，看到也如同没有看到一样，起不到预设的效果，反而把自己的真正优势给丢掉了。因为好位置给了一句无关痒痛的Slogan，把黄金的位置给浪费掉了。

相对于图1和图2来说，图3效果稍微好一点，因为它没有把“互联网家具领先品牌”作为主要广告语，而是缩小字体放在“只为休闲梦想”的下面做诠释和补充，这样主Slogan就是“只为休闲梦想”。与图1朵拉朵尚把“天然为本”缩小的做法相比，更为合适一些。至于“互联网家具领先品牌”还不太够格，起码在销售额上还不能和林氏木业等大牌去比较。

案例② 每个人都觉得自己是专家

和领导品牌一样，每个人都标榜自己是专家。我曾经在同一时间内接触过四五家不同类目的企业，有卖内衣的，说自己是“内衣制造专家”；有卖化妆品的，说自己是“去痘专家”；有卖手工皂的，说自己是“手工皂专家”……数不胜数。不知道这股专家风是不是让自己自我感觉非常良好，但是现在的专家、教授太多了，顾客看也看得多了，所以这也是无法打动顾客的Slogan。

如此的例子很多，除了上面的“领导品牌”、“专家”，还有诸如“专注几十年”、

“知名品牌”、“高端品牌”、“誓做领军人物”之类的。这些都是线下品牌惯用的手法，在电视上天天看到，有了这个参照物，线上店铺在做 Slogan 的时候，显然也是“参考”了很多。但是有几个问题值得思考。

1. 最先开始说到这些的，都是知名品牌。别人做了几年、十几年的电视广告，告诉大家“我是领导品牌”，这样的话每天播放，重复几年十几年，顾客才认可。凭什么一个全新的、从来没听说过的品牌，也要这样去说，这样说顾客认可吗？相信吗？

2. 你告诉顾客“我誓做产品第一”，和顾客有半毛钱关系吗？他们会因此受益吗？你做到了吗？如果做到了为什么顾客不知道你的品牌呢？如果没做到，顾客为什么不去选择目前第一的品牌呢？

这样思考一下，你会发现，有的时候“参考”别人的 Slogan 对自己可能只是起到了一个作用，就是好歹拥有了一个“伪 Slogan”，终于“像”一个品牌了。至于对顾客说什么，可能都是空话、大话，因为你无法去做电视广告，也无法长期在淘宝首页做稳定滚动的广告，不能天天对着消费者的耳朵喊来喊去，天天都能让消费者看到，所以这种手法对于“非知名品牌”不太适用。

案例③ “太大”或“不明”的定位

这个 Slogan 传达的是：受损肌肤修复高端品牌。

看起来很高大上，但是看了半天也不明白什么是“受损肌肤”，右边出现一个孕妇产前妊娠纹预防霜，再看下面的产品，大致猜测这应该是一个孕妇护肤品的店铺。但是再看下面还有很多其他的产品，如红血丝、痘痘、抗辐射类产品，这样一来还是不理解什么是“受损肌肤”人群。这是很典型的“定位过小或者过大”，圈定不了固定人群，也无法说明自己是谁，就会造成信息的“错位”，传递的失误。

更造成营销上的困难，推广上的困难。

在这种不明确的定位中，拿一个片面的产品做店招上的强推，会严重影响新顾客对店铺定位的判断。大多数人进来店铺之后，如果不是孕妇人群，可能都没有耐心继续看其他产品。而孕妇人群进来之后，看到的又是“受损肌肤”这种不明确定位，不符合孕妇人群的心理预期，因此营销效果也就受到了影响。

所以，这个看似精准的品牌定位实际上还是有偏差的，孕妇人群不会很信任这个品牌，其他人群觉得是孕妇产品，不会去选择，这样反而弄得不上不下很尴尬。

案例④ 生搬硬造的故事感

为了模仿某种腔调、情结或某个故事，孕育而生的这个Slogan，它想表达的意思其实很简单，但是自己弄得过于复杂了。“一只有生命的火腿”，让人看了之后久久不能忘却这种感觉，不忍心吃，害怕吃这个火腿，因为它是活的，而且还是有一定年头的。这个感受实在是太奇怪了！

除非你的目的就是为了让人产生这样奇怪的感觉，否则还是不要这样去生搬硬造，这句话再喜欢，也不太适合这个行业的店铺，牵强附会的结果只会让人大跌眼镜。

那什么样的Slogan比较适合网上店铺呢？或者我们说，店招上应该出现什么样的Slogan会对营销起到好的推动作用呢？

案例⑤ 承诺让人心动的效果、益处

这个 Slogan 传达的是：超乎每个妈妈的期望。

对于化妆品来说，效果是第一位的，这个 Slogan 抓住了效果承诺，让人怦然心动。店招上再给出安全性的承诺（中间部分的三个标识说明“有机”、“天然”、“安全”），对于孕妇使用的药妆化妆品来说，这个店招的营销效果就非常到位。

案例⑥ 让人信服的销量保证

阿芙精油的 Slogan 是“全网销量第一”，如果不是下面的那行小字“根据 2011.1-2013.12 数据魔方精油类目统计”，和阿芙一直不断地坚持这个 Slogan，反复曝光宣传的结果，这个“第一”在一些顾客眼里也许就不会那么容易信服。因为数据魔方是淘宝官方的权威数据软件，所以这行小字的诠释大大提高了这个 Slogan 的可信度。

但是要注意，如果你的店铺是一个刚开的小店，并没有这样真实的数据支持，如果也模仿这种方式冠名一个“全网销量第一”，那就是真的贻笑大方了，顾客在毫不犹豫地关掉你的店铺页面的同时，还会在心里给你贴上一个不诚信的标签。因此，只有具有这样实力的店铺才可以使用这样的 Slogan 哦！

案例⑦ 大家都关心的服务营销

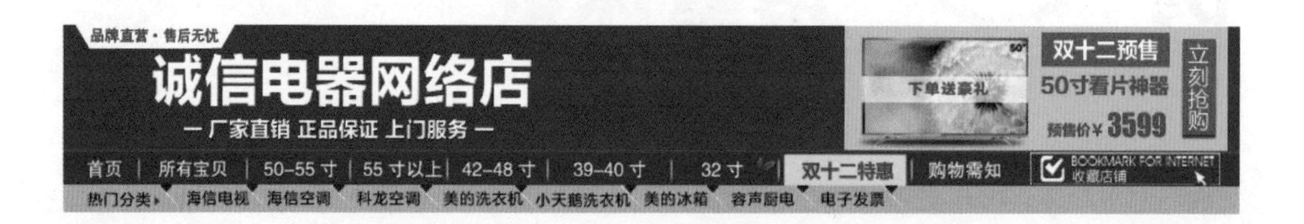

购买电器商品，因为金额有的比较高，以及需要上门安装等因素，顾客不太容易有勇气在网络店铺上购买。所以在电器这个类目中，服务因素是阻碍下单的最大因素。为了打消顾客的疑虑，把“厂家直销，正品保证，上门服务”这些作为 Slogan 做出保证，能有效地提升信任度。

有一句话说，服务即营销，对于网上店铺来说，服务更是顾客非常重视的一点，如果表达得到位，会大大提升营销效果。

案例⑧ 由品牌故事提炼出的Slogan

御泥坊的品牌故事宣传了多年之后，知名度已经很高了。并且这个品牌故事和品牌名称“御泥”也有很高的关联度。凭借独特的产品优势在泥浆类面膜中拿到了第一的位置，但是为什么御泥坊的Slogan不是“泥浆类面膜第一”呢？

御泥坊的品牌故事中提到，面膜的泥浆来自独特地理位置的滩头泥，这里出产的泥浆面膜是给太后御用的，所以品牌名称叫“御泥坊”。而Slogan也设计为“我的御用面膜”，给顾客一种身价倍增的感觉，就好像自己也得到了像太后一样的“御用”珍品的待遇；并且一语双关，也有顾客自己把“御泥坊”作为自己首选的专用珍品的意思，还暗示着顾客对品牌的喜爱和信赖。

这样的Slogan经得起推敲，是不是比“泥浆面膜第一”更能传情达意呢？是不是意思更丰富更具象呢？再看“泥浆类面膜第一”，用销量来说总是显得比较单薄，让顾客只记住它的大卖受欢迎，而“我的御用面膜”就和顾客本身的关联联想更高了，这实在是一个“品牌名称”、“品牌故事”和Slogan完美结合的范例。

案例⑨ 朗朗上口，有谐音能关联联想的 Slogan

这个店招上的 Slogan 有两个层次的内容。

“宝宝衣，贝贝怡”，这是把产品和品牌名称相关联的一句广告语，意思为“给宝宝选衣服就是贝贝怡品牌”的缩略表达，朗朗上口并且文字简单，好记忆，对于品牌有正面的诠释，可以帮助顾客理解。

“专注 0～3 岁婴幼儿服饰”作为第二层次的存在，不做强调，只做解释，给“宝宝衣”划定了一个具体的范畴，让顾客一目了然，不用多想，是一组简单好理解的 Slogan。

案例⑩ 拟人口吻增加好感度的 Slogan

再如这个品牌的 Slogan“琪比小美屋，住着我的童年”，小孩的衣服是由大人来挑选购买的，而小孩是无法用语言来表达对品牌的好感度的，以小孩的口吻来说，是一种拟人化的手法，拉近了和消费者的距离，增加了亲和力，并且暗示着小宝宝会很喜欢这个品牌的产品，增加了父母的购买信心。

小结：

❶ 不要盲目地去追求“第一”、“领导”、“专家”，脚踏实地的优势更能说明“我是谁”；

❷ 不要大而空，宁愿小而美，小而精，小而专，准确说明“我是谁”。

Slogan 不是为了有、为了模仿而产生的，需要仔细思考，精准地给出品牌的优势，用贴切的话语来进行品牌的诠释，拉近和顾客的距离，并产生好感，从而达到理解品牌、信任品牌、选择品牌的目的，在营销上 Slogan 需要仔细提炼，反复斟酌，才能发挥最好的效果。

3.3 合理布局提升信息到达率

上面我们看了很多店招页头的例子，也看到了很多种布局的形式和内容，其实店招上所要表达的信息不外乎以下几种。

1. 品牌 Logo

品牌 Logo 一般是放在左侧或者中间的，上面的例子中几乎没有出现放在右边的 Logo，实际上也比较少见到这样的设计。品牌 Logo 是店招上最重要的信息，需要重点突出。有的店铺没有品牌 Logo，那就展现店铺 Logo，或者店铺名称，作用是一样的。

2. 广告语 Slogan

Slogan 一般出现在 Logo 的附近，有的放在下方，有的放在右边，字数要精简，最好不超过 10 个字的长度。要做到简短有力，一目了然。

3. 店铺收藏

店铺收藏一般会放在最右边，这样做的好处是，当顾客在浏览店铺时，鼠标会距离收藏按钮最近，更容易去点击。

4. 重点二级页推荐

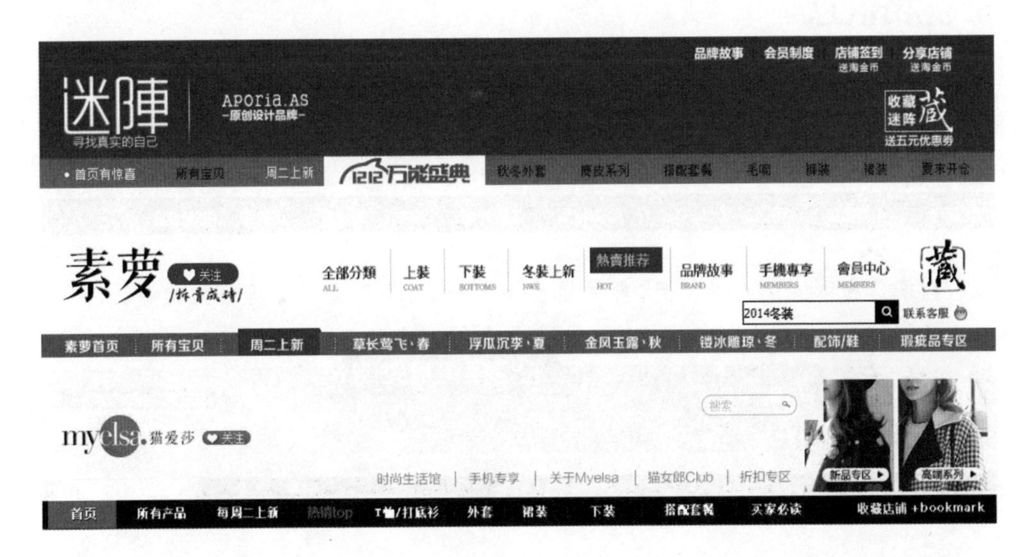

有一些重要的推荐二级页，根据重要程度依次排序，并且可以用颜色加以突出。还可以做成双排的，用上下排来区分重要程度，还可以用图片形式来进行较大面积的“强推”。如上图这几种形式都有了。目的是经过排序处理之后，把重要的二级页面突出，引导顾客去点击。

5. 搜索条和热门搜索（关键词索引）

当店铺里商品比较多的时候，用搜索条可以提供更快捷的搜索，热门搜索也可以给出引导和提示。

6. 促销信息

做成优惠形式的活动信息，自动显示优惠金额，展现直观的价格折扣活动内容。

7. 商品强推

带产品图片的优惠信息，直接点击进入单品页面，主要起到引流聚集的作用。

8. 承诺、保障、特色服务

针对家具需要走物流，比快递门对门更加不便，需要自己动手安装这些问题，5包到家是承诺也是特色服务，非常有竞争力。

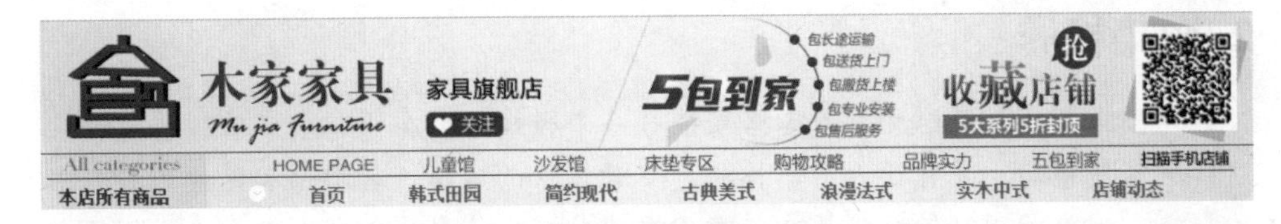

万千百货是万达集团旗下的百货公司，但是在部分城市里是没有入驻的，因此在全国范围内的知名度远远没有万达高。所以“万达集团全程购物保障”是借助万达的知名度进行保障承诺。

以上这些大致囊括了目前页头上所能够放置的主要信息。在举例的同时，我们也看到了各种各样不同的店招，尤其是在不同类目，呈现百花齐放的状态。

根据淘宝上广泛使用的店招设计，归纳出一些比较有代表性的排版布局以供参考。

1. 极简主义

极简主义的布局简洁大气，没有过多的干扰，直观有震撼力。前提条件是这个品牌 / 店铺已经比较有知名度了，拥有众多粉丝，不需要再去做多余的解释。而且在页头下方的首焦海报必须是吸引眼球的，要非常精致，这样才能传递更多的信息。

2. 密集格局

和极简主义刚好相反，密集格局是另一个极端。现在还有很多店铺仍在使用这样的密集格局，并且认为密集格局是有营销感的店招。其实事实往往不是想象的那样，因为密集格局的店招在信息上难以分层，信息量太多太杂乱，反而不能很好地传达重要信息，而且也会陷入品牌表达缺失的陷阱。

如上图的这一个店招，几乎把能想到的对销售有帮助的信息都罗列上去了，但是顾客看了一眼就头晕眼花了，品牌已经被淹没在促销信息里了，最重要的品牌表达都已经缺失了。这么多的信息表达，造成页头部分过于沉重，有头重脚轻的感觉，无法获得好的传达效果，所以一般不建议用这样的密集格局。

除去以上两种比较极端的布局，还有一些比较常规的布局。

1. 强调品牌 Logo 信息的简洁布局

上图左边为品牌Logo和广告语Slogan，右侧是文字链接“收藏”，下方是导航。

上图中间是品牌Logo和广告语Slogan，右侧是文字链接“我的订单”、“购物车”、“分享店铺”，下方是导航。文字链接内容可以根据需要进行修改。

2. 加入更多互动信息

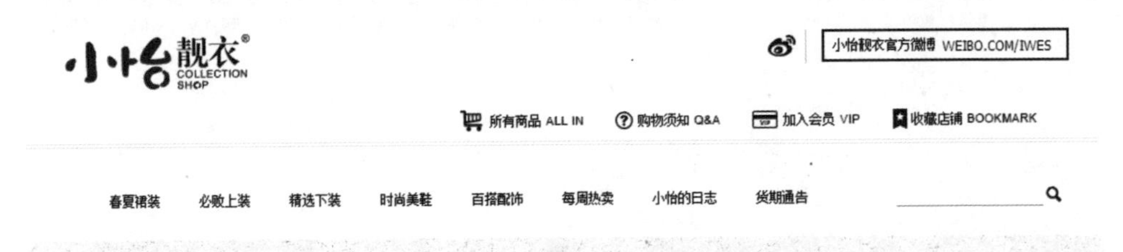

上图左边为品牌 Logo 和广告语 Slogan，右侧是文字链接“微博”，右下是二级页导航和收藏店铺，下方是导航和搜索框。

右边文字链接更多了，还可以放在靠上的位置。导航栏可以加入促销活动。

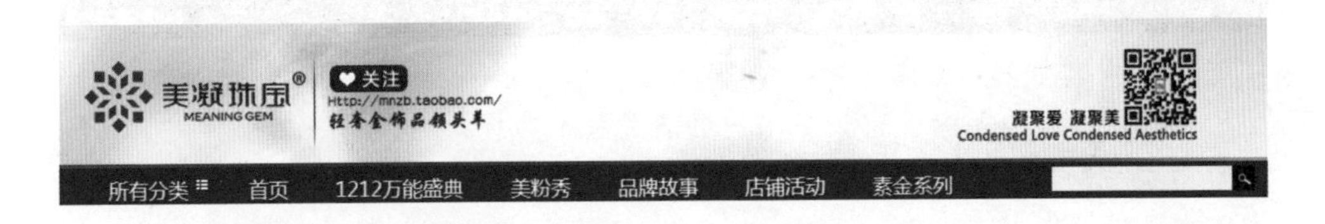

二维码也可以放在右侧。

3. 加入一些促销信息和活动信息

还是基础布局，在右侧增加了一个店铺活动。

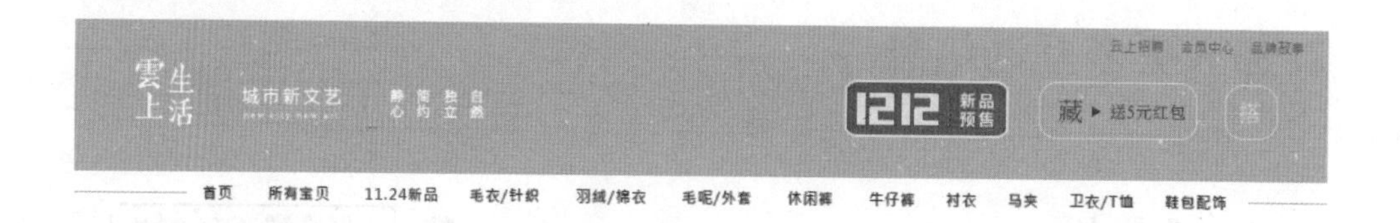

左侧加入了一些与品牌有关的广告语，右侧加入了更多活动信息。双 12 活动因为重点强调，所以用了醒目的颜色。

中间的双12万能盛典的位置是店铺公告、活动预告，右边是促销活动。

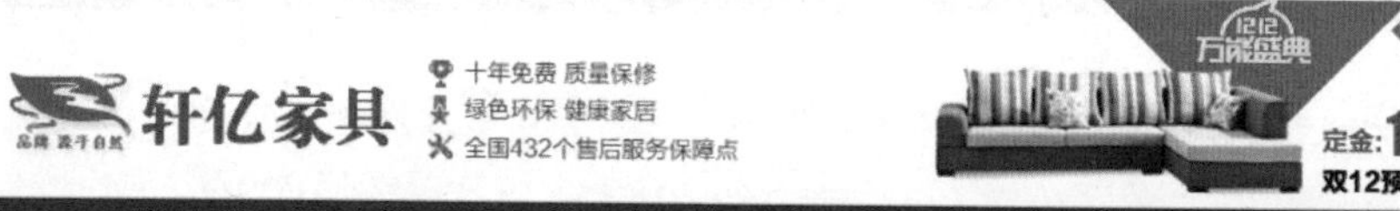

中间的三行小字内容比较多，一般消费者不会仔细看，所以如果要使用这样的布局就要多加斟酌，并且要适当增加留白，小字的右边最好不要放更多东西，左侧也可以简化。

在找案例的时候发现这样布局的店招比较多，可能是使用了某一个固定模板。如果要使用这样的布局，需要加以取舍，将信息尽可能地分出重点来，尽量留白。我们可以看到上图这个店招已经太沉重了，信息太多了，要尽量避免做成这样。

4. 左中右布局，加入承诺保障、服务特色、二级页链接

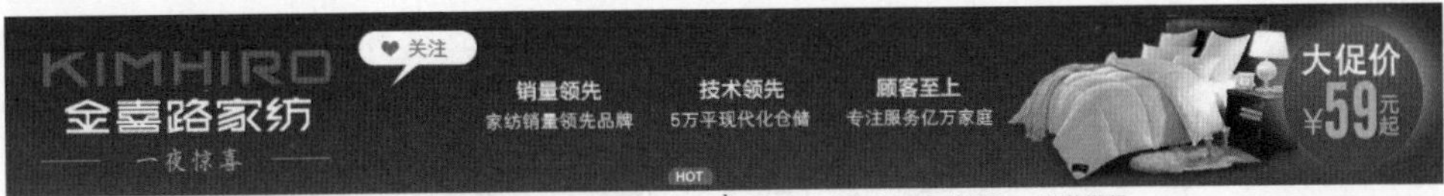

在中间位置增加了三块内容，分别是广告语、品质保障、服务承诺。

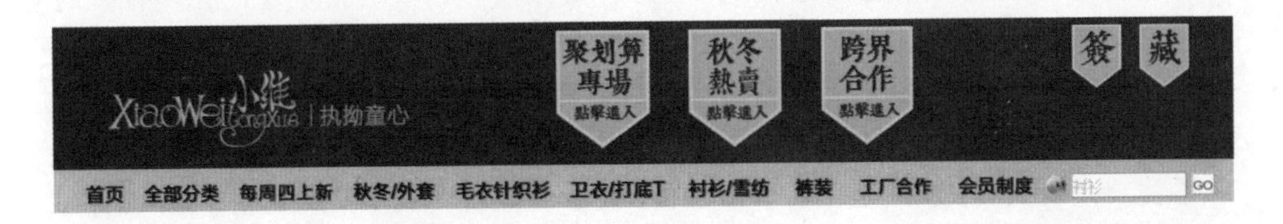

在中间位置的三块内容分别是，活动页面、新品页面、合作二级页面。

困惑 1：营销感是靠促销广告来打造的吗？

不是我们常规理解的促销信息越多就越有利于营销，就好像一个线下的招牌上贴满了廉价小广告，对于品牌而言反而是一种伤害。营销感的目的是为了更好地让顾客在最短时间内完成了解、信任、选择的心理过程，不能仅仅凭铺天盖地的促销广告。促销可以有，但是要少而精，不能遮盖了最重要的品牌 Logo、Slogan。

困惑 2：哪一种布局最好？

每个店铺有自己的特点，就算是同品牌的商品，也有不同的店铺品牌，在顾客的购物感受中也是会有所选择和偏好的。所以没有一模一样的参照物，之所以举如此多的例子，就是希望能够先思考自己的与众不同，再斟酌哪一些需要传达，最后才是根据信息的重要程度来进行布局，完成视觉设计。所以说没有最好的布局，只有最适合自己的布局。

困惑 3：如何知道我的店招设计好不好呢？

可以借助淘宝数据工具和热力图检验顾客点击效果，再做出优化调整。优化调整主要是根据顾客在热力图上点击率的高低，来发现顾客不感兴趣的和感兴趣的内容，针对不感兴趣的内容做优化调整，发现顾客感兴趣的营销点。

还有一种调整是为了配合自己店铺在不同时期的营销策略。在某一时期的哪些信息需要重点传达，和运营的目的相结合。例如促销时期，可以在店招上加上某些促销信息增加吸引力，并营造促销氛围。但是这是非常时期的优化调整，不能在平时无大促的时候过度使用，否则会大大削弱店铺品牌的影响力，影响到常规销售。

困惑4：店招上放很多促销信息看上去似乎很流行。很有销售感？

这里有一个误区，促销信息只能在短时期内作为一个很小的附加信息存在，并不能长期存在，也不能作为一种常规手段存在。当然，它和店铺经营的手法相关。如果正确使用，还是能够起到比较好提升销售额的作用的。促销信息越多越有市场营销感吗？这显然是个错误的观点。试想，店招被大量促销信息充斥之后，就好像街边的店铺招牌上贴满了小广告，在短期内可以吸引很多爱便宜爱打折的顾客来购买，但是这些顾客没有忠诚度可言，谁家便宜去谁家，属于比较低质的顾客。而且这些"贴满店招的小广告"把店铺名称、品牌Logo都挤得没有位置了，还和品牌名称并排放在一起，那么品牌也就廉价了，打折了。不仅如此，你的品牌不被大众所认知，就放弃了品牌附加值，最后逐渐就变成了商品比拼、价格比拼，变成同质化竞争。

当商家都在把促销作为一种常规手段之后，最后就是比谁的价格低，你不能让顾客记住，只是和别人卖一样的货，拼更低的价格，这不叫营销，这叫比价。利润低势必无法做好的服务，无法做调性，只能被迫降价，获得更少的利润，形成恶性循环。

所以真正的营销，并不是比价。如果一个页面上写着XX折，今日特价，你就认为那是有营销感的页面，这样的理解就很片面。如果你有如此动人的低价，又何必在意页面做得好不好？无论你页面做成什么样子，只要你价格够低，总有人要买的。所以这不叫营销感页面，拿个笔写个促销信息谁都能做，页面做得再好追求低价的顾客也不会在意这个。因此，建议只在大促、店庆这种非常时期，对店招做促销信息的调整，平时只使用很少的促销信息在店招上。

小结：

❶ 不要盲目地去模仿别人的店招，别人的不一定适用于自己，可以做参考。

❷ 没有最好，只有最合适。

❸ 过多的促销信息，密集布局只会让品牌Logo这一重要信息陷入视觉盲点，要做出取舍，有舍才有得。

营销感店招的重点在于对品牌Logo的突出，风格的一致，导航的合理设置，及店铺某项促销活动的合理展示。并且通过合理的布局提高信息的到达率，让表达更明确，让顾客看起来清晰明了，同时不空泛，不缺失。切忌堆砌过多信息导致传达失误，更不要盲目跟风去模仿那些密集的店招。放置过多促销信息不过是一种自我心理安慰，物极必反，适度适量才是良策。

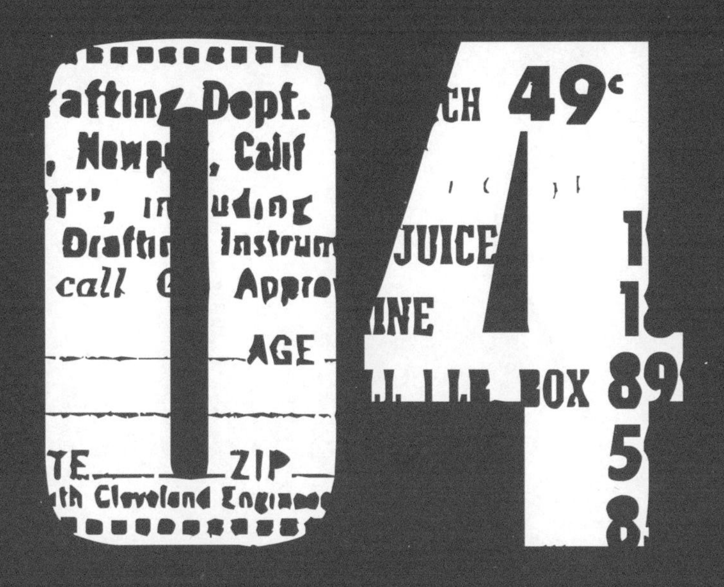

首屏设计的吸金法则

一个好的店铺，能够让顾客在刚踏入店门的时候，就被吸引。一个好的页面，能够让顾客在看到页面第一眼，就有兴趣继续看下去。不要小看这个继续看下去的动力，在有关视觉的数据分析中，顾客在店铺内停留时间越长，就越有可能产生购买欲望。顾客的平均停留时间越长，转化率就越高。我们所说的顾客第一眼看到的页面区域叫作首屏，其中包括店招、导航栏、首焦区域，有的还包含首焦下面的Banner。

首屏的信息传达

首屏是以顾客的显示器为一个单位，从页面的最上方开始，展示的“第一个屏幕大小”。它是顾客打开页面之后不滚动鼠标，看到的第一眼的内容，很大程度上会直接影响到顾客的“初次感觉”，甚至影响到顾客是否对下面的商品感兴趣。

与线下实体店相比，首屏就好像顾客站在店铺门外，看到的是一个店招和橱窗展示。透过橱窗能够看到店内的一些商品、陈设、优惠活动等，通过这些来对店铺达成初步了解和认识。因此我们的首屏中应该包含这些顾客感兴趣的内容。

案例① 信息空乏、缺失的首屏

这个店铺的首屏在信息方面表达有限，并没有从消费者角度来考虑顾客想要看什么，而是很自我地在勾画“自己心目中的氛围”，自娱自乐，没有和顾客进行交流，浪费了非常重要的首屏。在线下店铺中，如果顾客在店门外无法看清店铺大致卖什么商品，是不会进店的。哪怕就是美容院没有什么商品展示，但大家都知道美容院是做什么的，有时候也要把价位展示在门外，不然顾客也不敢轻易进门询价。

案例② 信息不完整的首屏

这个首屏大部分的信息是完整的，但是美工设计师在制作页面的过程中，没有充分考虑到顾客的屏幕视野范围，做出了一个大于首屏视野的首焦图片，导致主体商品未完全展现。鞋子作为店铺主营商品，且作为这家店铺首屏上的爆款强推，应该让顾客一目了然。但是这里因为考虑不全而让鞋子只显示出了一部分，从而影响了顾客的信息接收。

当我们离得比较远时，看到的大字才能够顺利接收，而这张图上因为字体过大，而且字体做了一些变化和组合之后，造成了一些阅读障碍，一眼看不清，需要辨认，而真正应该突出的“韩国爆款N字鞋”被“青春永不褪色”和旁边的美女所干扰了。

我们要非常注意的是，首屏并不是只有店招、导航和首焦海报组成。我们从上往下看，会发现浏览器的高度会占掉一部分，淘宝网站的页头高度会占掉一部分，然后才是店铺店招、导航，然后才是首焦。在首屏中，首焦往往不能完全展示，只能展示一部分。

因此在构思的时候，需要注意把一些重点信息放到能够在首屏中看到的区域。

按照常规做法，在首屏上应该有这样几个要素存在。

❶ 店招：店招上包含品牌名称、Logo 等重要信息；

❷ 导航栏：展示二级页面名称或商品的大分类；

❸ 首焦海报：首焦海报的设计会在下一章具体介绍；

❹ 促销信息：优惠券、店铺活动等大致的促销信息，详细的促销信息放到首屏之下延续，或者在活动页再详细解释。

案例③ 一个完整首屏的传达

在这个案例中，因为充分考虑到首屏的传达作用，因此把一些重要的信息在首屏中一一展示。除了店招上的品牌信息之外，还有首焦中的主要产品信息（从图片中可以看到店铺的主营产品和使用氛围从而可以让消费者感受品牌档次、产品价位及与自己的匹配度），促销活动信息（首焦下方的四个促销优惠券），还有优惠券下方的一些信息。

这些活动扩展内容的详细信息，在首屏上不是完全没有，而是露出了一部分（请仔细看上面完整首屏例图），这样做的好处是：让顾客看到下面的部分内容，而不完全展示，让顾客下意识地滚动屏幕继续往下看。

首焦的吸睛法则

要让店铺具有营销感，在首屏之中，就要给顾客一个非常有冲击力的视觉感受，那就意味着除了店招之外，首焦海报要做得更细致，要下更多的工夫。实际上顾客在进店的第一感受往往决定了顾客对品牌的兴趣程度，而首焦上出现的促销信息也是顾客的首要关注点，因此千万不要浪费了这个绝佳的"黄金位置"。

干扰因素过多的首焦

这张首焦在构思上比较凌乱，干扰因素较多，有几个原因．

❶ 两个商品分得太开，没有形成一个"组"，这样就很难让顾客形成"多色同款"的印象，难以对颜色产生兴趣；

❷ 商品放在模特的脸附近，和模特脸一样大小了，这样和实物产生了不匹配的问题，并且违背了视觉规律，让人觉得奇怪；

❸ 这张模特图放在这里想烘托出一个氛围，但是和商品又缺乏有机的结合，拼凑得很生硬；

❹ 右边的文案字面不通顺，对字体的处理让人感觉不是主题活动，而是一个公告；

❺ 全场优惠活动，在上方已有优惠券领取了，在这里属于重复信息，并且做得很累赘，而且中间还被背景图上的弯角给干扰了一下，有的字也看不清了。

案例⑤ “小气”的首焦和“傻大”的首焦

男士的衣服需要展示得比较大气，这样比较符合中国人崇尚男性阳刚之美的审美观。虽然我们说首焦的高度要控制得刚好，但是这个店铺的首焦选用了一个比较占高度的轮播样式，将本来只有半身的模特展示又硬生生地遮住了一部分。并且模特显得特别小，且又是单人模特来展示，衣服的长度不到正常长度（正常展示上半身的衣服模特图应取到大腿部分），这样就显得背景比较空，整体缺乏大气的感觉。

这张首焦图和上面的图片相比，就显得大气了很多。虽然说它也并不符合单品展示的习惯：长度远远没有达到展示整体的效果，但是我们并没有感觉到不和谐。

❶ 它的款式比较简洁沉稳，并不是时尚款式，视线主要集中在上面的衣领处，所以下面的款式顾客可以很容易地“自行脑补”上去，并没有缺失过多的感觉。

❷ 这家店铺的衣服主要是“领导人”风格，领导人的衣服是什么款式，顾客也很容易自己想到，因为电视上都有了。

❸ 因为能够看清模特的眼神和眼镜，让视线有了落脚点。

说到第三点，可以回头去看一下上面一张首焦图，对比一下，因为缺乏脸部的聚焦，再加上衣服反光，比较醒目，视觉落脚点是模特身上的衣服，而衣服看不到全部款式和搭配，因此总体就呈现出不太完整的缺失的感觉。

相比之下，这个首焦图又显得“傻大”了一些。这里看起来似乎不太明显，但是在计算机上观看的时候，一眼居然看不出这些字连起来是什么意思。这说明对于使用计算机的顾客来说，这些字大得有些夸张。我们自己也可以试试看，过大的字看起来是什么样的效果。字体并不是越大越好，处理时需要调整一下，让大小适当看起来比较舒服。

并且这几个大字并没有和店铺的商品、活动真正关联起来，空有气势，看上去大字小字满满的，信息量很多，但是实际上缺乏顾客关注点和关注内容。设计这样的首焦图时优先考虑的是引起顾客的注意，然后把注意力引向商品，毕竟商品才是顾客购买的重点，仅凭几个字是无法打动客户的。这里显然缺失了落地的商品，造成了信息空泛，顾客也不会在这张图上停留太多时间。

下面这个例子也有同样的问题。

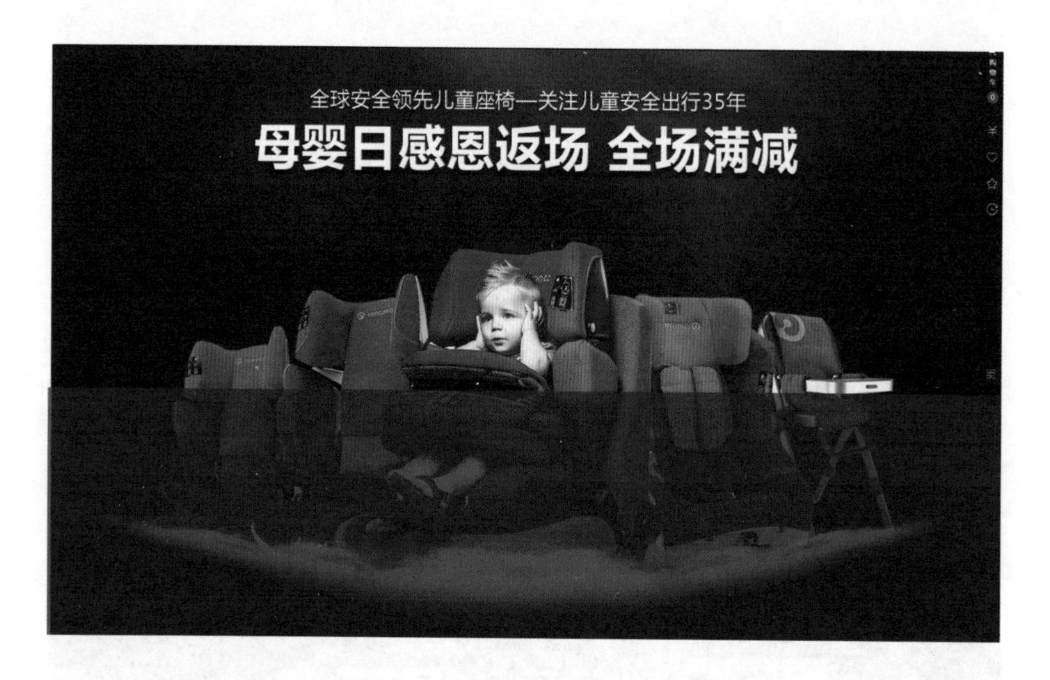

首焦部分能够显示的主体产品只出现了一半的高度（下面暗色部分是第二屏可以看到的内容）。如果说美工设计师想保持神秘感让顾客往下看的话，至少出现得应该更多一些，并且从整体来看，店铺中的字体和图片都属于“超大号”，由此可以推断，这个美工用的是专门做设计的大屏幕计算机，并未考虑到顾客用普通计算机浏览页面的感受，这也正是网页设计中需要特别重视的内容。

用户计算机显示屏分辨率和美工设计主流显示器分辨率使用数据，可以通过数据网站查询到。

案例⑥ 文案过多的首焦

以商品品质展示为主的这张首焦海报，鞋子的大小合适，背景气势磅礴，符合“户外”的氛围，但是左边的文案多、过于密集是它的硬伤。并且错误地使用了大片的红色字和红色背景，把所有的目光都吸引过去了。文案过多，又是密密麻麻的小字，顾客是毫无心情去仔细看的，而红色背景的活动促销赠品又显得毫无档次，直接拉低了店铺的整体档次，使商品显得廉价。

合理的首焦文案应该经过整理之后，留下重点部分，细节部分可以出现在首焦下面的位置，或者出现在相应的页面中。经过文案精简之后，首焦才能显得大气上档次。

案例⑦ 商品被抢占了风头的首焦

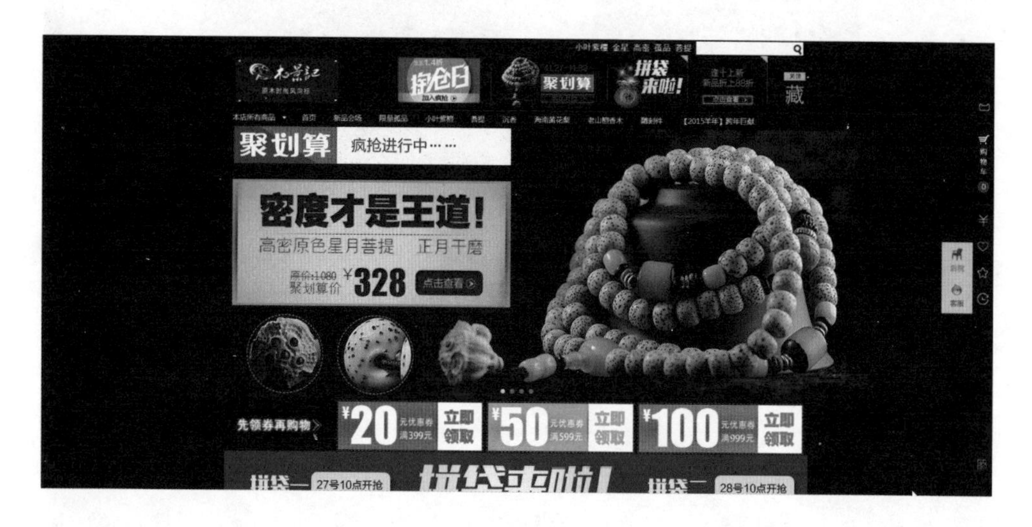

这个首焦图展示的是一个单品的活动，本来应该突出单品的质感，文字只是辅助。但是这家店铺的美工过于强调字体和样式效果，文字部分做得形式过于复杂，颜色也特别多。在这个首屏中，商品的上、下、左边都围绕着各种颜色（页面上的颜色不应超过3种），各种大号字，各种活动促销，感觉就好像是商品周围被贴上了各种荧光色的小广告。

仔细看这个商品，暗淡无光，像蒙了一层灰。左边还莫名其妙地放上了细节图，本来应该用商品品质本身去吸引顾客，结果本末倒置让顾客去看文字了。这个主推商品，就好像在夹缝中求生存一样，被抢了风头。

审美疲劳的首焦

首先提出，这种图片可以用作首焦吗？答案是可以，而且有很多人就这样做了。但是这样做的效果好吗？笔者有不同看法。

一年一度的双 11、双 12 期间淘宝官网有大型促销活动，这个盛典活动已经进行了好几个年头了，顾客已经熟知了这个活动的促销打折力度。试想一下，如果顾客打开淘宝网，从官方已经看到了铺天盖地的活动图片（类似于这张首焦图），然后逛了几家店，它们的首焦也都是这样的一张图，然后再来你的店铺中，看到的仍然是这张图。而且当顾客想休息一下，打开 PPS 看个电影，结果连电影前的广告都是这张图。

这个时候，这张图还有诱惑力吗？是不是变成了视觉毒药？

饱和度如此之高的红色图，虽然有一种热闹的感觉，但是看多了也有让人想逃跑的冲动。如果稍微修改一下，加上自己店铺的主打商品，换个背景，将这个图片稍微缩小一些，重新制作放在首焦上，是不是视觉效果更好呢？

而且丢了商品的这张全网活动图，和你的店铺又有什么实际关系呢？

即使是自己店铺内的活动，也不这么“暴力”这么直接吧。

首先顾客不会特别喜欢满眼都是文字的促销信息。就算是用圆形的色块加以区分，也仍然是文字为主，而文字是需要经过阅读才能理解的。这一页的文字顾客读起来需要花一些时间，再加上字体的辨认难易程度，很难在短时间内看懂、记住这些促销信息。

其次，这是一家卖沉香的店铺，主推商品的价位比较高，再怎么秒杀，2 折也要 500 多元的价格，这相当于在古色古香的店铺门口，摆了一个红黄相间的广告牌，用了超市卖白菜萝卜的手法，让人觉得特别别扭，和商品不匹配，也显得特别粗糙不精致。

首焦上我们要做到有视觉冲击力，有几个方法可以用。

1. 展示品牌形象的内容

我们可以用品牌的主打系列商品来展示品牌形象，也可以用“明星 + 商品”的组合形式来展示品牌形象。

案例⑨ 明星 + 主打系列商品

这个首焦选用品牌代言明星高圆圆的图像，并针对高圆圆与赵又廷新婚的热点时事点出广告词“我可以做女神，也可以做他的小女生”，非常贴合 OLAY 针对的熟女客户群。因为右侧是 OLAY 的几个明星系列产品，所以顾客很容易就会联想到品牌，而不是某个产品引起错位。这是用品牌的主打系列产品来进行展示。

这是娇兰品牌的主打系列商品，其中不乏很多知名的明星口碑商品。配以美艳的代言明星，都市繁华的背景，高贵冷艳的蓝色和金色的搭配，给人非常明确的奢华感，体现品牌形象。

案例⑩ 镇店之宝来展示品牌形象

在有明星产品的前提下，我们可以用明星产品、口碑产品展示店铺形象，这种产品可以很好地诠释品牌，或引起消费者的注意。

阿芙精油品牌给人印象最深刻的就是紫色的薰衣草田和紫衣小女孩的形象。这个形象的深入人心是因为阿芙在不断地重复展示这个形象，包括在钻展、首焦、直通车图上，让顾客把阿芙和这个形象结合了起来。

阿芙薰衣草精油也正是阿芙的明星产品。

“黑白调”电脑椅店铺，在品牌形象商品上策划了非常有视觉冲击力的拍摄方案，让这种商品的图片天生就适合做广告图。重复使用在首焦、钻展、直通车图上，能够给人留下非常深刻的印象。

案例11 “明星 + 商品”的组合形式来展示品牌形象

代言明星、电视广告同步推出的情况下，用“明星 + 商品”的形式可以更好唤起消费者的记忆点。

自从《来自星星的你》热播之后，全智贤就频繁地出面为品牌代言，也捧红了一些明星。这是全智贤为韩都衣舍做的品牌代言，首焦图突出了穿着冬季服装的全智贤的明星效应，是“明星 + 商品”的组合展现方式。

2. 展示强推商品

还可以用单个商品来展示品牌形象，单个商品一般会选择品牌形象款，或口碑最好的“镇店之宝”，但慎用低价引流款。

案例⑫ 展示强力推荐商品

强推商品往往是最容易成交的，顾客最感兴趣的，受众效果最好的人气商品，店铺很容易通过推荐就获得成交。通过这种商品的展示先留住顾客，让顾客下单之后，再推荐其他商品，顺带购买，提升客单价，从而可以很容易地达到提升销售额的目的。

这是阿芙精油的强推商品之一，玫瑰纯露。玫瑰纯露几乎是用纯露的顾客人手一瓶的产品，和国外进口大牌比较，阿芙的这个纯露的价格稍低，比较有竞争力。所以经过首焦的推荐会很容易达成交易。

这是阿芙精油的强推商品之二，玫瑰按摩香膏。这个商品是阿芙家比较有特色的商品，一般别的品牌很少有按摩香膏这样的商品，并且经过几年的销售之后，据数据统计这个商品在淘宝按摩霜类目销量第一。因此这个商品也非常容易获得顾客的青睐，也作为强推商品。

因此我们发现，在销量好的店铺里，店内首焦的位置应该留给最容易成交的商品，给它一个非常好的位置，强力推荐。

3. 展示主题活动的首焦

这是一个店内主题活动的首焦图，主题活动的名字叫“莎娜的红毛衣”，是通过一件红毛衣的记忆唤起顾客温暖的感觉，激发为孩子添置毛衣棉衣的购物欲望。最终推荐的是店内“毛衣棉衣”系列商品的促销活动。

这是全店任意两件包邮的首焦广告图，它也是一个主题活动的首焦，它是通过一个冬日度假的场景，通过模特在场景中如画的感觉来唤起顾客对这种度假风服装的向往和欲望。

这张图主要表现的是一种情景，体现“无所执”的意境和坦荡舒适自在的感受，用这种感受来引起顾客的共鸣和追逐。

4. 大型促销活动

案例⑬ 用多款有代表性的商品来展示促销活动

这家店铺是在做“火拼周”，是一个多商品的促销活动，因此这里采用的是四个款式不同的模特合成图，用来展示店铺的风格，这样给顾客更多选择的余地。一方面暗示顾客店内有很多款式（不止这四个），另一方面这四个款式是代表商品，或者是成交量比较大的，是大众比较喜欢的款式。这样就一定会吸引新顾客的目光。

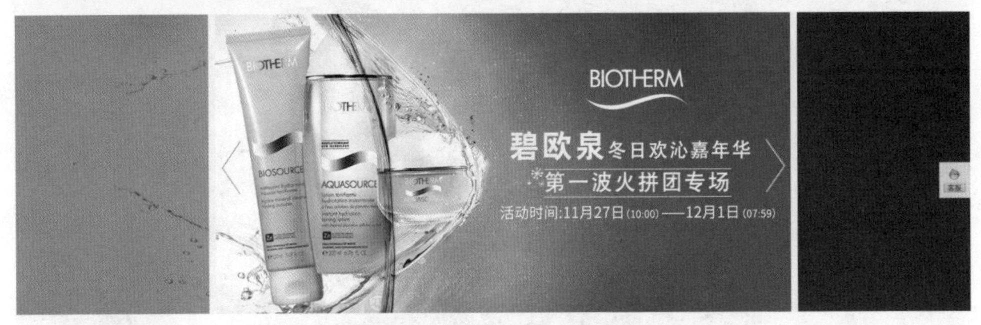

这是碧欧泉的火拼团专场活动展示首焦，图片上的这个系列商品是最能代表碧欧泉的系列商品，包括在它的店铺品牌页上展示的都是这一套商品。

案例⑭ 典型热销商品来展示促销活动

参加聚划算品牌团的商品肯定不止这两件，但是这两件是最有代表性，广告图最精致，色彩最显眼，最有可能会吸引顾客眼球的款式，或者是这一季的主推产品，以这两个款式为代表来吸引顾客点击其他商品。

同样，有商品加入让信息更完整，模特与顾客之间的互动感，让页面更生动，同时让顾客的点击欲望更强烈。

案例15 增加亲密氛围诠释官方活动

母婴日感恩节也是淘宝官方的活动，所以在这张首焦图中，店铺只是在官方统一的Logo和背景图旁边加上了自己店铺专用的模特，来增加妈妈和宝宝的亲密感觉，引起顾客情感上的共鸣。这样既避免了大家都用同一张图片造成的无差别的促销轰炸，又给人温馨甜蜜的感觉。

这也是将官方活动加入自己店铺的首焦图，因为商品的加入让顾客有了点击的理由，并且显得和店铺很和谐。

案例⑯ 没有商品加入的促销首焦减少了顾客的点击欲望

对比之下，这张首焦图就做得比较失误。随便拿了张图片作为背景没有了商品展示不说，而且还用了一张空荡荡的图片，显得很萧条，没有促销的热闹感。

同样，这张首焦图虽然有“双11火拼返场”和“聚划算”字样，以及代言明星的形象展示，但是因为缺少了商品展示，大大减少了点击图片的吸引力，显得大而空，言之无物。

小技巧：

对于首页焦点图来说，其实我们很多时候都是以自己店内的商品、模特图作为素材来加上活动内容及活动预告。这样和店铺首页的配色、风格都很一致，也是具有自己店铺烙印的做法，也足以吸引顾客的目光。因此，对于特别容易成为品牌形象款的，有爆款潜力的，拍出来图片效果特别好的，这类商品在最先开始考虑的时候，就要把它策划为广告图，无论从拍摄、图片精度、修图等各方面都要特殊对待。

这类图即使不用在焦点图上，也可以用于钻展、直通车、店内类目 Banner，都可以收到比较好的视觉营销效果。这样就避免了有时需要用但是手头上没有合适素材，做出的活动图片不满意，但是也来不及重拍的情况。

因此，事先策划好要主推的商品和品牌主打商品，并对它们的图片进行深入细致的处理，是获得优异首焦图素材的前提。

营销型首屏的布局结构

1. 常用的大海报布局

这是淘宝上常见的首屏布局结构。

页头部分：店招 + 导航

中间部分：首页焦点图或轮播海报

下面三块位置是三个小 Banner 图

这种布局结构清晰明确，把促销信息放在轮播海报下方，让顾客进店之后很明确地了解促销信息，因为海报所占面积较大，所以显得很大气。这种布局适合大部分的店铺，对类目几乎没有局限。但是对海报图的视觉要求比较高，主要是通过海报图的视觉展现来吸引顾客点击。

页头

首焦/轮播海报

小广告图 小广告图 小广告图

我们看一下运用这种布局的实际案例。

视觉震撼力强的布局

这是单品强推的轮播海报，鞋子作为整个视觉的主角，图片设计精美，清晰并突出质感，能很好地达到布局的效果。下面三块位置是三个小 Banner 图，这里放置的是促销优惠券。

根据需要，3 个小 Banner 也可以变为 4 个，如上图就增加了一个促销信息“满 199 元送小圆镜”。

小 Banner 还可以灵活变换为各种形式的用法，内容一般集中在店铺的重要促销信息、重要公告、推荐或强推商品、重要类目推荐等，加入帮派、加入收藏也可以放在这里，还有一些说明店铺承诺的信息，如质量保障、7天无理由退换货、闪电发货等，都可以放在这个位置。

2. 在页头下方增加公告的布局

在布局1的基础上，也有将店铺文字公告加入到页头与海报之间的做法。

案例② 三只松鼠的情感营销公告

三只松鼠的首屏布局中，将文字公告加入到页头之下，并占据了比较大的一块面积，在这种情况下，下面的海报图只能看到很小的一部分。有的人可能会有疑惑说这样不利于商品展示，但是我们仔细看一下这个文字公告的内容就知道了，这段感恩的话语，既是对顾客支持的真情流露，也是引起感情共鸣的绝好方式。

2014年双11单天狂卖1.02亿

数字书写奇迹，松鼠感谢有你！

有你，惊喜从天而降。有你，梦想发光发亮。感谢你，给我们力量。只要有你，平凡也有奇迹。

主人，谢谢。

特别是最后一句“主人，谢谢。”是以三只松鼠的口吻来诉说的，这是比粗暴的促销打折更加能够引起情感共鸣的营销方式。

因此，这一段公告看似影响了下面的促销活动，但是却让老顾客心里感到温暖，让新顾客感到震撼，增加了顾客黏性和对品牌的感情，其价值就远远高于直接展示海报。

这种公告并不常见，只有几种情况适合用这种公告，其中两个最重要的条件是：

❶ 时间点上，会用在大促之后作为总结和感谢；在年底作为总结；在特殊的节日或者店庆，与顾客可以进行情感交流互动的合适时间。

❷ 拥有顾客数量非常多，很多铁杆粉丝的大店。

3. 在轮播海报下方增加公告的布局

案例③ 下方公告的布局

这种布局方式也是在促销信息文案较多的情况下，为了达到有渲染力的效果，以比较特殊的文字排版方式来吸引眼球的，这也是一种灵活的用法。

4. 适合多 SKU 的布局

多 SKU 商品的店铺比较适合用这样的布局方式，多见于化妆品类目。

页头部分：店招 + 导航

左：类目索引；右：首页焦点图或轮播海报

下面三块位置是三个小 Banner 图

搜索对于多SKU店铺来说是至关重要的，因为商品数量过多，用类目索引的形式就能很好地把商品进行分类，一方面显得商品齐全，整齐不杂乱；另一方面也方便顾客根据分类的名称引导来逐个点击浏览商品，实际上也对增加顾客在店内的页面跳转数量，浏览更多页面有所帮助。

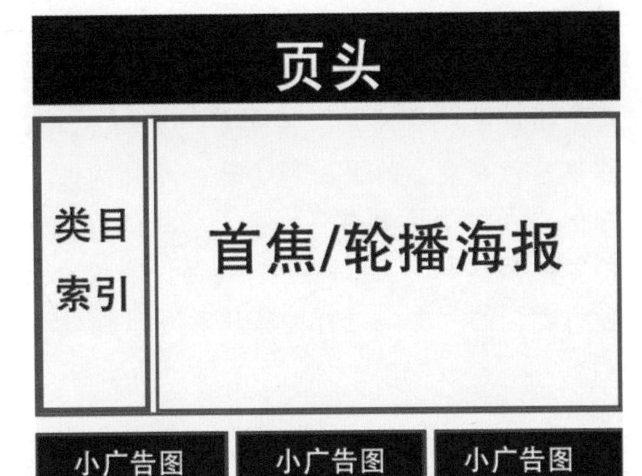

我们看一下运用这种布局的实际案例。

案例④ 商品齐全的NALA

NALA作为一个化妆品超市型的店铺，非常适合用有类目索引的布局，可以展示更多的类目，让顾客一目了然，并能自由查找自己想要的商品。NALA还在店招中间的位置增加了搜索条，更加方便顾客通过关键字搜索单品，大大增加了非推荐位置商品的页面到达率。可以试想，这种多SKU商品店铺的困扰是什么？哪怕首页推荐位置再多，也不能照顾到所有商品，也总还有商品不会被浏览到。顾客的困扰是什么？这么多商品，我怎么找到最想要的那一个？并且我还想看更多的类似的商品。这样的布局就可以很好地解决双方的问题。

案例⑤ 一站购齐的朵朵云母婴店

母婴店的商品多而杂乱，用这样的布局能很好地展现一级类目和二级类目，增加了顾客的浏览关联性。在轮播海报的下方是不同品牌的小Banner，点击可以直接进入。

我们会发现很多垂直网站页面也会用这样的布局，它们都拥有多SKU商品的特性。

案例⑥ 京东/天猫超市/亚马逊的类目索引首屏

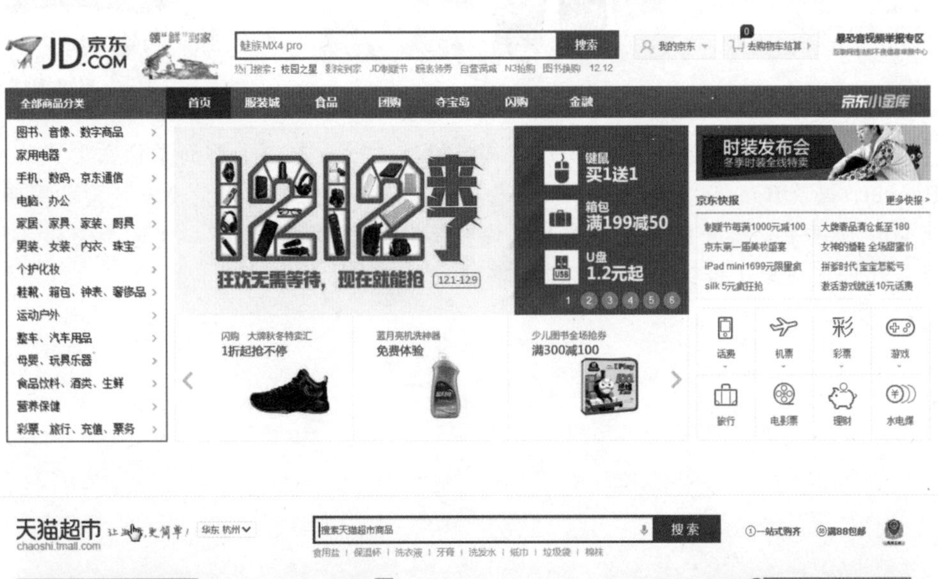

以上几个网站的首屏布局方式非常相似，区别只是在于增加了什么形式的小Banner，以及Banner数量的多少。这种布局对于轮播海报的数量没有绝对的限制，可以增加很多轮播来展示多种单品，或分类目的推荐和活动，同时因为海报的尺寸较小，所以对于设计的要求不算很高。

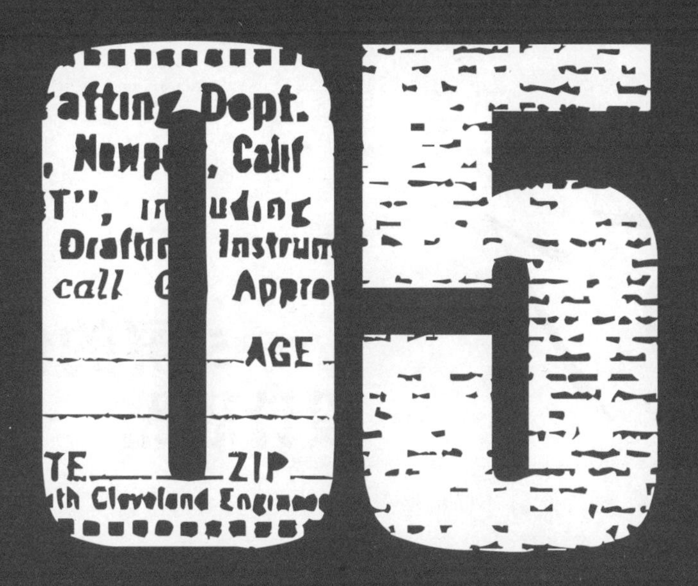

促销活动区设计

一般我们把首屏下方的自定义区用来做单品或者店铺活动Banner，以及分类导航。这个用法一般会持续到第5屏，到第6屏开始做产品陈列。如果不够5屏，则在5屏内开始做产品陈列。

这个用法的理论依据是“5屏以下无转化”的说法，经常浏览视觉方面经验贴的人对这句话并不陌生，这句话的意思是说，顾客在浏览首页时，按照从上往下的顺序滚动鼠标浏览，店铺首页上方的流量到达率是最高的，往下逐渐衰减，从而形成这样一个规律。

5.1 2～5屏的促销设计思路

在做促销型的首页时，我们可以根据重要程度，将更多对店铺销售有利的信息，利用页面上方的黄金位置去展示，例如主推商品需要给它一个曝光率高的好广告位，店铺促销信息让顾客入店之后就能够很快看到，这样可能会增加成交的概率。

对于大促来说，优惠券、有力的促销信息要放在上方最醒目的位置，因为顾客在这个时期对价格非常敏感，就是冲着打折促销来的。大促时的首页也可以全部都是活动商品推荐，把首页暂时作为活动页来设计，也是一种常用的方式。

新品、主推、清仓Banner，哪个放在上面，是可以根据运营需要调整的。我们把它展示出来的时候，根据要突出哪一块内容或者哪一种商品，就给予醒目的展示来做。当然也没有必要一定要撑满到5屏再做商品展示，促销活动如果没有那么多，就按照自己的节奏去展示商品。

这里给出几个案例，对从首屏以下到商品陈列区以上的部分截图。

案例① 明确购买目的不需要太多推荐

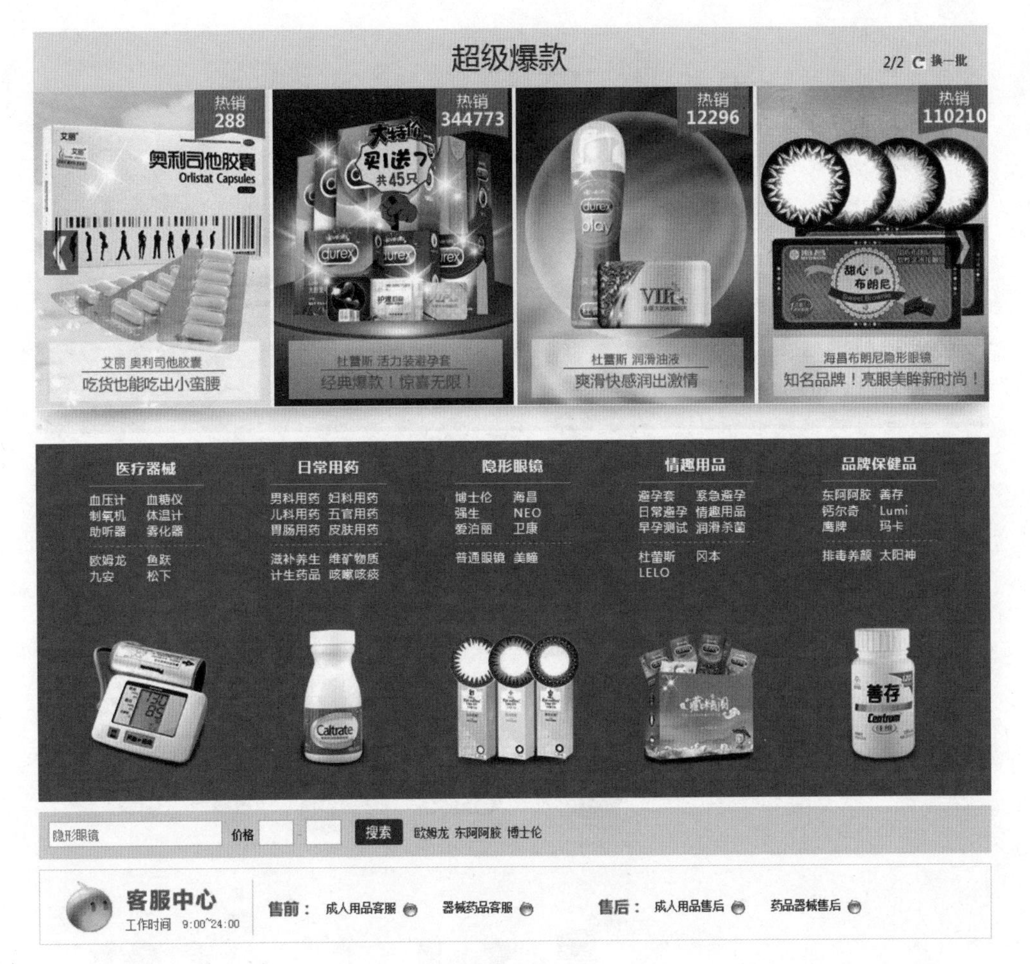

1.5 屏高展示 8 个主推 + 类目索引 + 搜索栏 + 客服中心

这个案例是一个医药类店铺所使用的布局方式，因为来店铺里的顾客都有明确的目标商品，就算你推荐再多，也不会促进太多的购买，反而对顾客体验不好。因此仅仅采用了一屏多不到两屏的高度来展示一些成交量多的商品，这些商品可能就是大部分顾客都想购买的，成交率更高。这种类型的布局适用于顾客有明确购买目的，不需要太多推荐的商品类型。

案例② 商品太多眼花缭乱

3屏高展示7个热门类目（各类目活动）+5个活动专场+10个主推优惠单品+2组爆款系列品牌（10×6×2=120个单品推荐）

这是母婴类目店铺的布局方式，因为店铺里商品众多，品牌众多，又有不同的活动，因此将优惠信息以这种高度聚集的形式明确地表现，并尽可能多地展现了12个爆款系列，120个单品，信息量非常大。但是对于顾客来说，正需要更多的推荐展示来选择商品。

案例③ 商品相对比较单一，单价高，客件数不多

这种高科技的扫地机擦窗机单价较高，一个家庭一般只会购买一次，并且商品也主要集中在这几个款型上，不会再做更多扩展。店内其他商品一般都是这些主推款式的配套商品、配件。为了突出这种高价位品质感强的商品，并且给顾客比较明确的推荐对比，2 屏以下采用大屏通栏的广告海报，并且按照成交率将商品从上到下排列是比较好的做法。

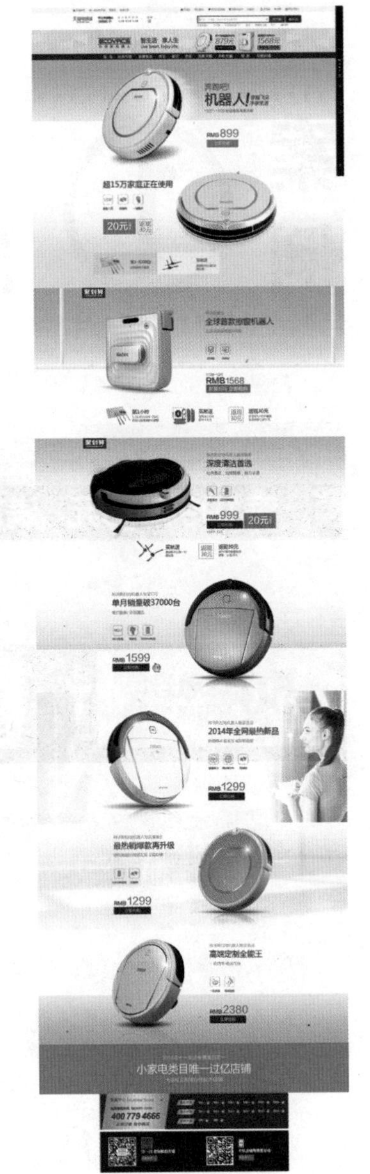

所以，采取什么样的方式来做 2 屏以下的商品展示或活动区域，取决于店铺是什么类型，SKU 有什么特点，顾客购买商品有什么样的行为特点。如果能够弄清其中的关系，选择合适的表达方式就会有利于销售。反之，如果采取了不当的形式，则会无法表达运营对营销的策略，在展示上造成一些困难和不全面，导致一些商品得不到有利的展示，影响销量。

下面我们具体来讲一下每一个块状划分的区域营销感的设计。

优惠券设计

案例① 优惠满减

文字版本的全店满减活动

……全店购物满就减……

满199减10元 满299减20元 满499减50元(系统自减)

优惠券形式的满减活动

50¥优惠券 12月12日 满399用 点击领取

100¥优惠券 12月12日 满799用 点击领取

200¥优惠券 12月12日 满1199用 点击领取

文字版本和优惠券形式在功能性上的区别在于，一个是由系统自动减去的，只要订单符合要求即可；优惠券是需要领取之后在订单上使用的。一个被动一个主动。

那么到底是被动好，还是主动好呢？

实际上，两种营销方式都是可以选择的。

在对消费者的行为分析中我们常常发现，给予顾客的，和顾客主动去拿的，这两种还是有一定区别的。在营销行为中，如果让顾客主动来拿效果会更好，顾客会记得去使用它，并且拿到优惠券之后，就想把它用完，所以顾客领取了优惠券之后，常规上的行为会在店内浏览页面，找寻需要的商品，加入购物车，计算金额，看怎么用优惠券更合适，有时候如果金额稍微差一点达到下一级优惠的使用标准，顾客大多数也会自己去凑单。

而不需要领取的系统自动满减活动虽然也有类似作用，但对于顾客心理上长时间的关注效果，影响力会稍微弱一些。因此我们可以多多使用店铺优惠券这种形式去刺激顾客的消费。

案例② 顺序和倒序

¥200 商品优惠券 满1199元可使用 立即领取
¥100 店铺优惠券 满799元可使用 立即领取
¥50 店铺优惠券 满399元可使用 立即领取

这个优惠券的金额是倒序排列的，从满1 199减200，满799减100，满399减50。这种倒序的排列方法我们一般不用。因为在营销上，虽然200比50更引人注目，但是门槛太高。而顾客一般接受的心理价位可能远远达不到这么多，就容易让顾客提早放弃对活动的关注，这样营销效果就不太好。所以我们一般在设计优惠金额、优惠券的时候，都会把门槛高的放在后面，门槛低的放在前面。

案例③ 换个形式

看腻了千篇一律的优惠券纸片设计，我们也可以用其他的皮肤效果来让优惠券看起来与众不同，给顾客换个口味，虽然内容换汤不换药，营销功能还是一样的，但是通过视觉让顾客觉得更加新鲜有趣，对营销也能起到好的作用。

案例④ 占位过大

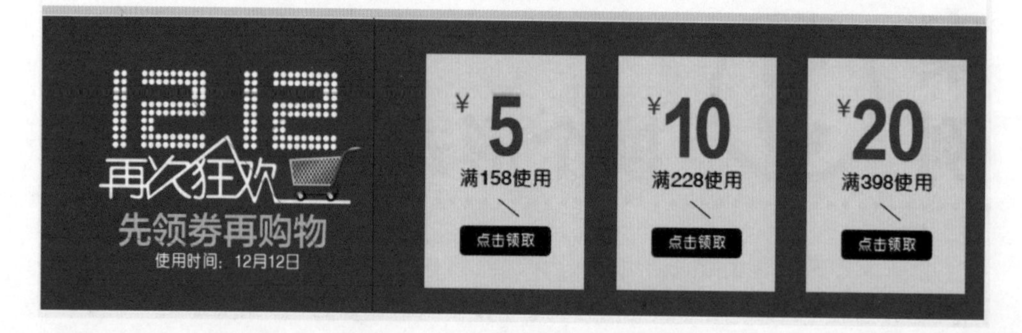

虽然换了个形式，可是所占区域太大，反而显得有点粗糙，也占用了过多商品展示的空间。因此，在视觉营销范畴中，我们需要合理利用空间，保证舒适的视觉体验。

信息弱化

我们发现，顾客更加关注的是优惠券上的金额10、20、50，之后才关注“满199元使用”，其他信息都不太重要，所以我们可以把顾客关注点“10、20、50”放大让它更醒目，把其他信息弱化缩小，但是能让人看清。这样我们发现，并没有让信息丢失，还是一目了然，但是显得更紧凑，形式也改变了。

案例6 用人民币来做优惠券是不可取的

这种优惠券形式是不可取的，一方面违反了广告法的相关规定，另一方面给人一种比较低俗的感受，拉低店铺的档次。所以不建议使用这种方式来做优惠券。

5.3 促销活动及活动预告

我们在前面已经提到一些关于视觉营销的理念和针对顾客的行为分析，图片的信息量大远远强于逐行阅读文字。因此我们可以充分利用图文结合的方式来有效传递信息。

特别是对于促销活动这一块的内容，是非常需要视觉感官来帮助传达促销信息的，让顾客在瞬间“秒懂”促销信息和图片信息，无须思考马上点击进入商品页面去看细节，这是我们希望看到的。

案例① 纯文字的巨幅活动攻略很浪费

巨幅活动攻略，看起来确实是店主想要强调的内容，并且希望每一个人都能看到。但是“看到”不代表真的“看清”。就算写得再大几倍，仍然有顾客会忽略。

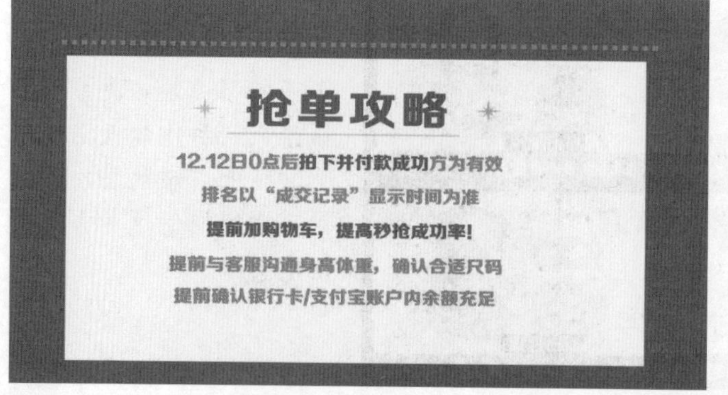

因为文字的表达方式形式容易让人产生阅读障碍，甚至有人不爱看就跳过去不看了。

不仅如此，在宝贵的2～5屏，用了如此巨幅的文字攻略，着实有点浪费。

案例② 文字过多过于密集干扰信息传递

100%诚信商家
BUSINESS INTEGRITY
100%品质保证
QUAUTY ASSURANCE
100%实物拍照
PHYSICAL SHOOTING
100%优质服务
QUALITY SERVICE
100%专业定制
PROFESSIONAL CUSTOM
会员专区
先领券后消费,尽享会员折上折
【活动时间：2014年10月1日~2015年3月18日】
凡在收到宝贝，确认无误后，凭截图给予小店 小红花+5颗星星 的亲们，即享 返现3元 活动.
(无截图为依据财务无法返现的哦~返现金额不叠加~)
有效期至2015年3月18日 本次所有活动最终解释权归本店所有
立即领取 5元优惠券 满89元使用
立即领取 10元优惠券 满198元使用
立即领取 20元优惠券 满398元使用
立即领取 50元优惠券 满968元使用
立即领取 100元优惠券 满1868元使用

这个案例中确实是按照突出重点来做促销活动信息和预告的，可是因为文字太多太密集，还是对顾客了解信息造成了一定的干扰。

案例③ Banner多种活动同时做

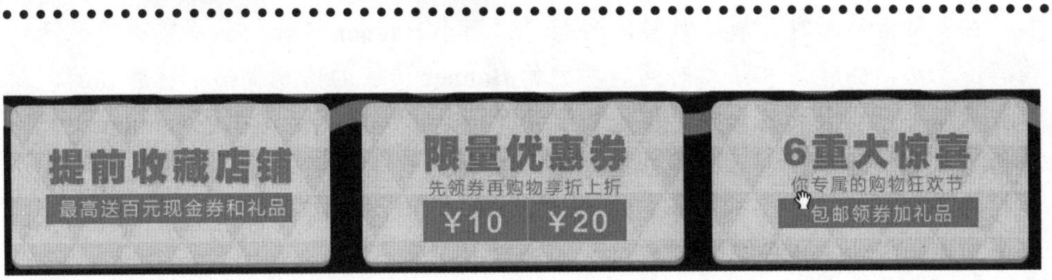

提前收藏店铺
最高送百元现金券和礼品
限量优惠券
先领券再购物享折上折
¥10
¥20
6重大惊喜
你专属的购物狂欢节
包邮领券加礼品

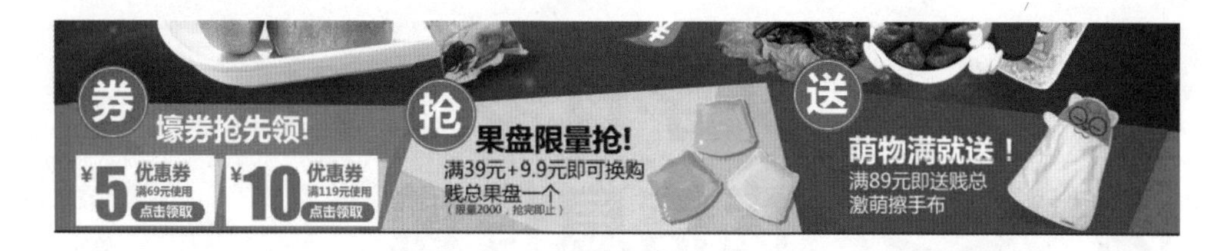

这种形式的灵活性也很高，3 个 Banner 既可以是优惠券，又可以是同步的 3 个不同活动内容，适合放在首页的任何位置。

案例④ 多种活动同时做

在多种活动同时开展的时候，我们可以用小 Banner 组合的形式直接展示活动内容、参加商品代表和活动时间。并列的 Banner 传递的信息也是平行并列的，对于先后顺序没有太大的影响。但是需要注意的是，需要将活动在小 Banner 中以简洁的形式描述清晰，对于文案提炼和视觉提炼的要求较高。上面这张例图中，文字部分还是较多，图案部分小而复杂（左图），对表达还是有一定的干扰，右图因为图中内容少，比较简单，所以文字更突出一些。

案例⑤ 活动预告

上图这个活动预告想交代的信息太多，太繁琐，所以采取了这样一种集成的方式。这种方式好不好呢？取决于顾客能不能在最短时间内迅速了解信息，能不能看得懂。因为顾客看页面的时间比较有限，手指滑动鼠标也是一个惯性动作，即使在这一页停留，时间也比较有限。那么在有限的时间内，顾客失去耐心前，让顾客能清楚地了解活动内容是我们需要考虑的。

这张图很容易造成这样的问题：因为左图的色彩比较鲜艳出彩，以及聚划算活动的吸引力，顾客的注意力直接就被吸引过去了，可能产生了点击，然后就跳转了。那么其他信息也许根本就来不及看清楚。如果事实正如我们分析的这样，那么这个活动预告区就做失败了，因为本意是让顾客了解店内所有活动，然后吸引顾客消费更多，结果是顾客往往只买了聚划算商品。而聚划算商品的利润是比较低的，没有造成关联销售，也就无法达到活动预期。

要避免这个问题，就要将最重要的活动（最希望顾客参与的）给予醒目的设计，放在重要的位置，让顾客了解。而这张图上的“免”、“返”、“送”，再结合附加活动内容，就是想让顾客尽快下单，打消顾虑，促进成交的。这属于活动的附加部分，而主体部分是双12新品和聚划算。因此，在信息的排列上，应该将附加信息放在主活动下方，这样顾客在看了主活动图片的同时，目光会落到下方，符合阅读习惯。而放在上方，则会被忽略掉，变成“隐性”的信息。

5分好评活动流程

这是一个活动流程做得比较清晰易懂的案例，把复杂繁多的文字，用文字框和流程图的形式做出来，通俗易懂，简洁大方，可以作为参考。

双11、双12活动预告

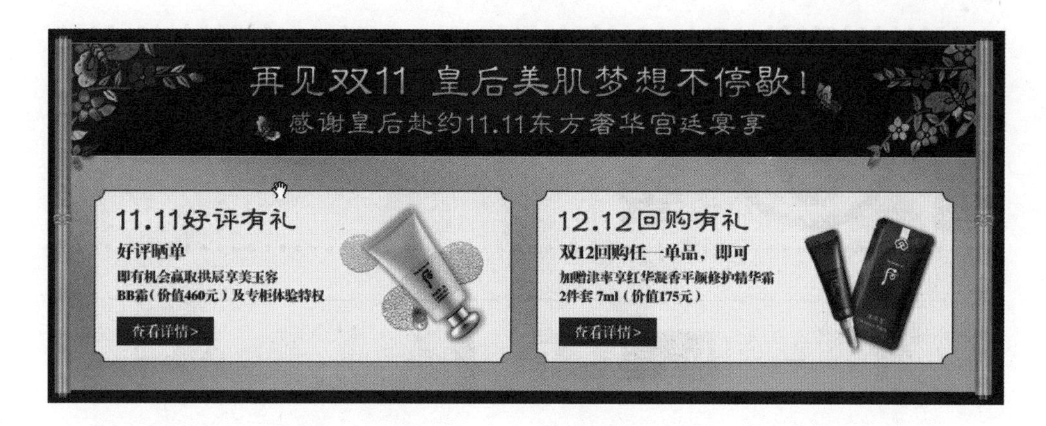

这个活动信息显示得非常清楚，并且让顾客同时看到双 11、双 12 两个活动的连贯性，用顾客能够接受的文字 + 产品图的方式也有利于引起顾客关注。

案例⑧ 满赠活动说明

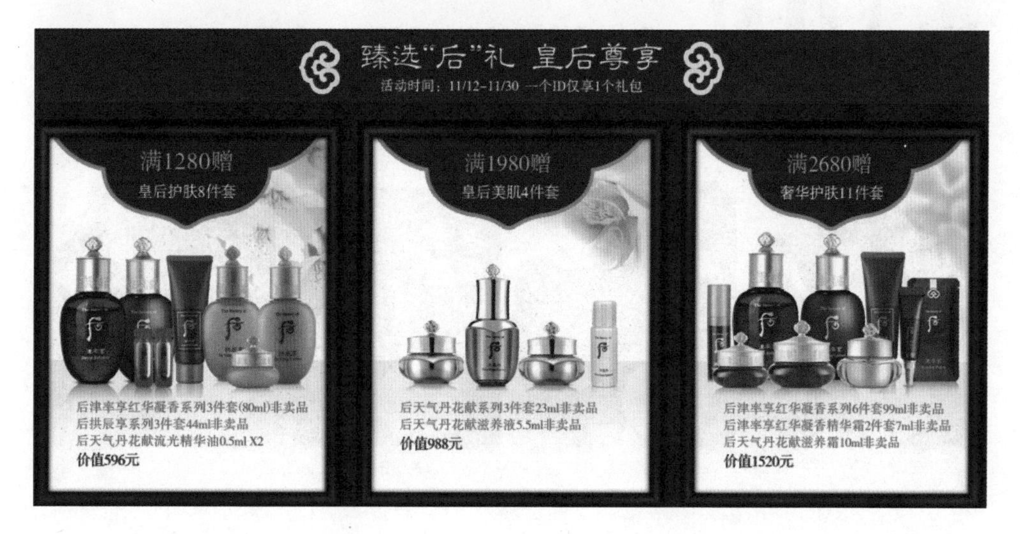

这是满赠活动说明，促销信息交代得非常清楚，而且商品本身也非常有吸引力，对营销的推动效果非常好。

案例⑨ 灵活的活动小 Banner 条

领券立减20元
已185016人领取

限量赠送
马上咨询

好评返现30元
全5分好评截图
联系客服返现

免单
疯抢免单
猜销量 赢免单
万一中了呢？

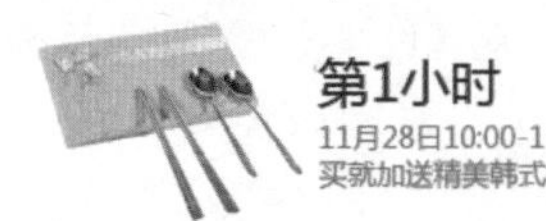

第1小时
11月28日10:00-11:00
买就加送精美韩式餐具

买就送
买就送310元
配件大礼包

返现
30元
返现30元
收货全5分好评截图
联系客服立返30元

几个活动组合做成的小 Banner 条，因为所占面积小，所以可以放在任何地方，或者适当重复出现，都可以让顾客看到。

案例⑩ 多种活动同时集成

这是一个多活动集成的活动区，2 个聚划算团购区域，1 个爆款区，1 个清仓团，这是主推的 4 个活动，下面还有上新活动、秒杀活动、精选热卖。通过 Banner 的组合，及大小位置不同来区分活动。

案例 11 组合使用 Banner

以上每一张小图都是一个链接到二级页的Banner图，这样的排列方式适用于分类、促销活动汇总，对顾客进行有效的分流。而且不同大小的Banner组合使用，给人丰富多彩的视觉感受。这个组合搭配第一行是两个促销专区，第二行是不同类目专区。两行融合了春夏秋冬，全类目商品的琳琅满目的商品让顾客有更多的选择。

组合拼盘式活动

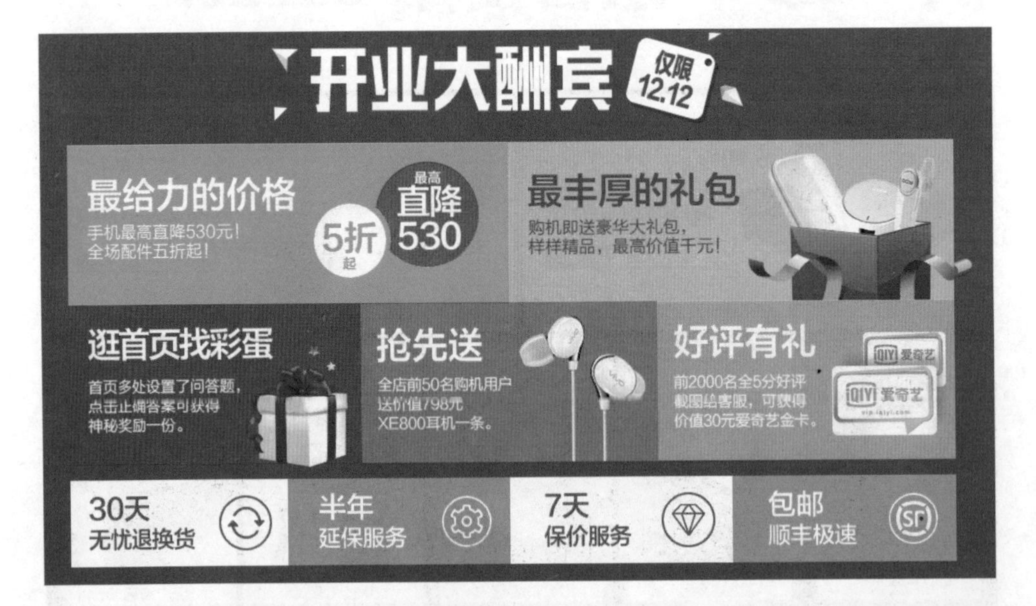

当活动很多的时候，如果全部用文字来描述，就显得完全没有吸引力。这是

因为顾客在阅读页面的时候，和阅读杂志的习惯不同。杂志可以长时间看一页，盯着一个区域翻来覆去地看很久，因为杂志一般是用来打发时间的，书的形式也容易让人专心来看。而网页上充满了爆炸式的信息，海量的信息在不停地更新。短时间内，顾客没有耐心仔细看一页满满的文字，而是一扫而过，快速浏览。这种情况下，为了让顾客用看图的形式来看字，我们在处理这些信息的时候，就要主动做成顾客能看懂的图。人在看图的时候，往往在几秒钟内可以获得大量的信息，和逐行阅读的习惯是完全不一样的。

如上图，文字标题为“最给力的价格”，将不重要的信息缩小放在下面，这样不会造成干扰，旁边要突出的“5 折”、“直降 530”，用图形和颜色做区隔，这样一眼扫过去就看懂了。同样的高度、同等明度的不同颜色，代表这些信息是平行的。

案例 13 组合拼盘式活动 Banner

相对来说，这种Banner的组合方式比文字为主的效果要好得多，经过横竖组合后的活动区，重点突出，清晰可辨，能很好地传达营销活动意图。

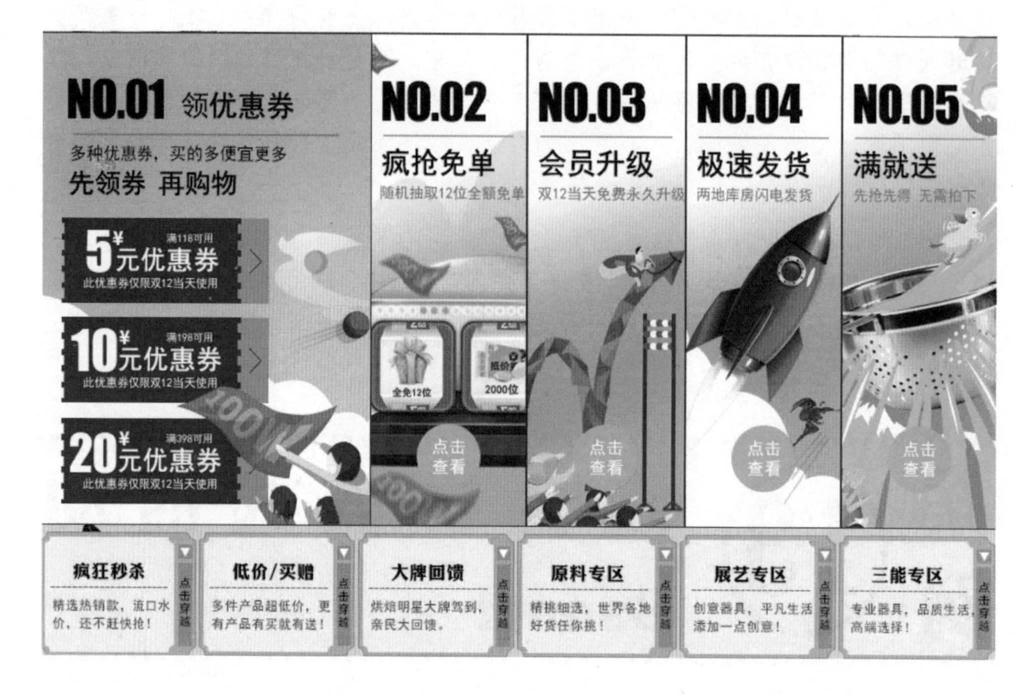

风琴式的促销区，形式也非常美观，鼠标指上去图片会相应放大，点击可以看到整幅图，下面还有推荐的类目区域，就好像是一个交通枢纽，在这里可以引导顾客跳转至其他页面。

活动区域一般就是Banner条+商品陈列，无论是何种形式的Banner，都可以配合商品做成促销活动区域。

案例⑭ 单品展示Banner

单品活动Banner以大幅的商品图片为主，加上卖点文案、价格、赠品组成，在设计上直接突出卖点优势。对于数码产品来说，顾客最难以抉择的是不能马上弄清楚不同手机型号的功能优势，在海报上直截了当地给出主要卖点，帮助顾客判断，“立即购买”按钮引导点击。可以说一张海报立即说清了商品的主要卖点，引导顾客点击进入详情页下单。

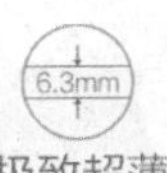

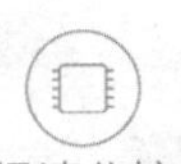

标准版
原价：2498元
12.12狂欢价 2468元
立即购买
蓝宝石版
限量尊享价 2968元
立即购买
1212购机大礼包
送价值358元
vivo原装移动电源
送价值169元
蓝牙耳机
送价值69元
无线路由器
问题来了？
vivo第一次在手机上搭载顶级卡拉OK数字环绕声信号处理芯片的是？
A、vivo Xplay 3S
B、vivo Xshot
C、vivo X5

案例 15 以商品吸引力为主的左右 Banner+ 商品陈列

左侧（活动内容）醒目突出“预付超低价”，右侧是活动主推商品大图，这种形式让活动内容容易理解，并且商品吸引力足够的话，这个活动的参与度就会比较高。在这样的活动 Banner 下方再放置同样参与这个活动的其他商品图片，就顺理成章变成了一个活动区域。

案例16 以活动内容为吸引力的上下 Banner

上部为活动内容，因为在阅读顺序上属于优先阅读，所以容易让客户很清楚

地看到。下面的图片是新品推荐，右侧再加上活动优惠券，提示优惠力度。下部为活动主推商品大图，因为展现面积更大，更需要给顾客以视觉冲击力。这种形式在商品广告图片精度上对设计有更高的要求。

并列小 Banner

这种小 Banner 可以放单款商品，也可以直接链接到二级页面进入活动页面，用男女两个图的好处是几乎入店顾客都会点（不是点男士就是点女士），因此如果要链接到活动页的话，这两个图就要选取有代表性的，容易被大多数顾客所接受的商品。并且要求信息量尽量少，图片尽量醒目地展示出商品的款式和颜色。

案例 18 以图片和价格强调组合的活动区

在这个案例中，活动 Banner 没有抢占太多的目光，字也比较小，只标注了两个重要信息，一个是关于活动的时间，一个是关于支付的时间。主要通过图片和图片上的商品组合搭配、价格、红色圆形、向下箭头等元素来引导顾客，一眼就能看到商品和价格，通过这种方式来了解活动，一目了然，无须太多文字解释说明。

案例19 活动 Banner

品牌团 疯狂让利
12月12日00:00开抢！
抢 50¥ 抢 100¥

这是一个常见的活动 Banner，我们可以把活动名称放在左侧并做醒目标注，把次重要信息跟在下面和右边，然后将重复的优惠信息（上面有几次重复）放在右边。

把优惠券和需要点击的部分，设计在右边的好处是顾客可以以最短的鼠标移动距离来点击，这样顾客更容易去操作，也有更好的体验。

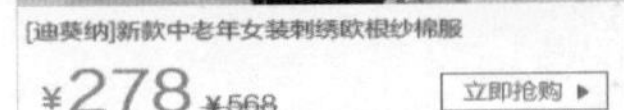

点击“火拼周”后可以跳转到参加聚划算商品的聚合页面，因此这里把“火拼周”做成一个放在右边的可以点击的图标。

Banner 条也可以将活动名称放在正中间，如下图。

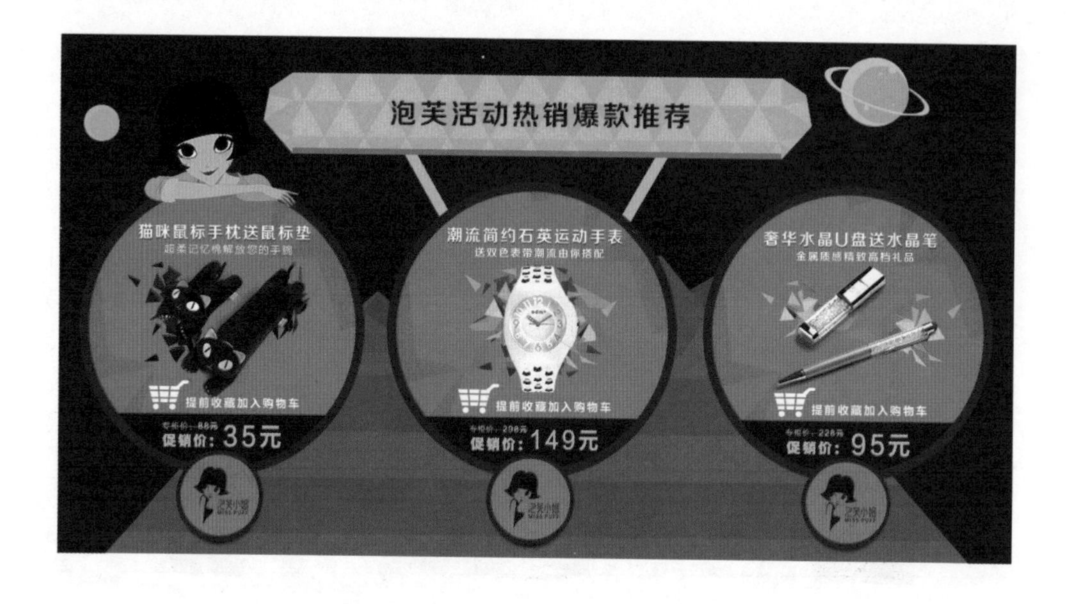
泡芙活动热销爆款推荐
猫咪鼠标手枕送鼠标垫
提前收藏加入购物车
促销价：35元
潮流简约石英运动手表
送双色表带潮流由你搭配
提前收藏加入购物车
促销价：149元
奢华水晶U盘送水晶笔
金属质感精致高档礼品
提前收藏加入购物车
促销价：95元

聚 热卖爆款
聚划算
¥59 原价¥178
立即抢购
聚划算
¥328 原价¥738
立即抢购
聚划算
¥178 原价¥658
立即抢购
聚划算
¥299 原价¥818
立即抢购
聚划算
¥228 原价¥598
立即抢购
聚划算
¥195 原价¥758
立即抢购
聚划算
¥56 原价¥178
立即抢购
聚划算
¥128 原价¥338
立即抢购

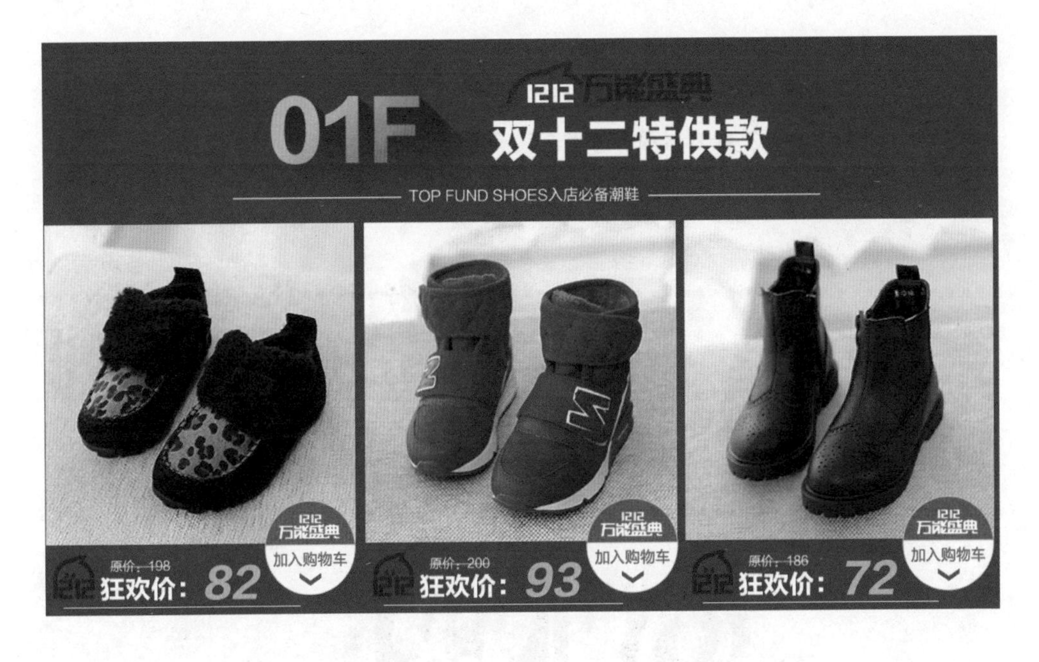

这里的商品陈列也需要和普通的陈列方式不同，与淘宝装修后台自带的那种自动推广更不同。我们从以上几个例子可以看出，这样的方式对于图片来说，都显得更大更清晰，更有诱惑力。价格都有明显的突出，还有图标引导点击，刺激顾客点击商品图片。这样就大大提升了图片的点击率，增加了页面的到达率。而浏览量越多，就越容易提升转化率。

5.4 促销区商品展示

普通的商品陈列效果的营销效果并不好，原因有几个。

❶ 标题：默认显示商品标题，这个标题用于搜索可以，但是对于营销来说比较长，关键词太多，起到罗列卖点的作用而不是突出卖点的作用。有的促销陈列并不会做这么长的标题，甚至也可以没有标题。

❷ 图片：在图片的对比上，有的促销图片可以给图片更大的空间，更突出商品；有的促销图片可以将图片从正方形主图（默认）变为长方形，减去图片中不必要的一些背景，让商品占据更主要的位置。

❸ 促销：促销的字样，默认的商品陈列效果是显示不了的，自由度更高。还可以给促销字样加上色块或圆形去突出，让它更醒目。

❹ 其他：加入购物车、箭头、色块等，默认的都是无法实现的。

案例① 同一商品的促销陈列和默认陈列

我们这里再来看一看，在促销区中，陈列产品都有哪些具体方式。

1. 横排展示

横排展示陈列是比较常用的展示方式，一排 2 ～ 4 个甚至更多商品。这种布局方式简洁明了，无论是模特展示还是商品展示都很适用。

双层棉男童女童宝宝空气层卡通婴儿保暖马甲外穿开衫棉背心

¥12.80 已售：84件

2014新款1-2岁宝宝加厚上衣空气棉前开扣内衣秋衣超多色款

¥15.00 ~~¥18.00~~ 已售：81件

外贸原单新生儿婴儿宝宝纯棉连体衣抓绒长袖爬服连体衣男生0-1岁

¥29.90 已售：80件

案例② 促销常用横排展示效果

因为有足够大的展示空间，再加上模特的恰当陪衬，主图商品和价格都比默认小图更醒目，也更能刺激消费欲望。

背景和商品的做法像广告图一样讲究，标题也很醒目，突出“进口商品”的尊贵品质，让顾客有点击欲望。

摆拍平拍的展示方法贵在整齐划一，背景统一，区域划分明显。加上起强调作用的红色色块，有实体展示柜的展示效果。

服装模特的图片因为未经过策划和精心挑选，往往主图上的姿势角度都不同，这也是服装类目的特点，这种情况，需要用带有白色边框（有间距像素留白）的模板来做，显得更加整齐，竖长的图片比正方形更适合展示带有模特的服装。

服装的全身效果展示，加上特殊的圆形标签，比有边框的展示方式更全面，时尚感更强。

这组的展示方式也是全身搭配展示，在旁边缀上搭配小物件，全身搭配的方式看起来是不是很像时尚杂志的风格呢？做服装类目的店铺非常适合使用这种方式。

这组全身搭配更注重将图片上的搭配组合单品展示出来，既有模特效果又加入平铺图的感觉非常好，也是时尚杂志常用的一种展示方法。

典型的瀑布流变形，其实仅仅只是简单地将上下错开排列，就显得非常有跳跃感，是一种可以打破常规的展示方式，如果厌倦了横排的感觉，可以用这种形式来调剂一下，给页面加入一些活跃的节奏感。

同一角度同一背景的鞋子这样摆放就显得很整齐，页面看上去整洁大方，赏心悦目。强调价格因此把价格做得更大更醒目，双12促销活动标志也很清晰，是做营销感常用的手法。

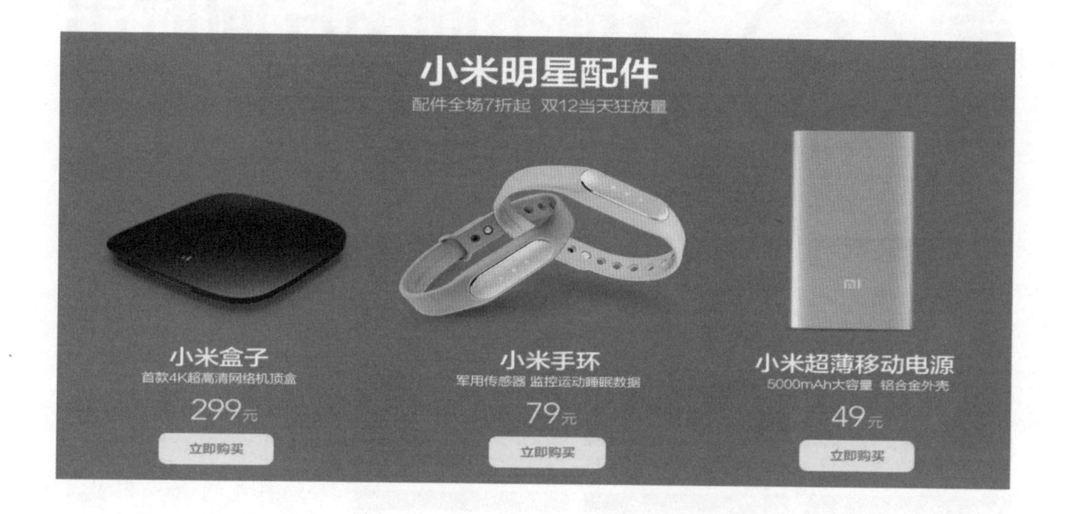

无边框隐藏线条也可以做成这样的效果，简洁大方并且时尚明快，突出主体商品的外形，立即购买的标志明显，引导点击。

促销单排展示排列方法讲究整齐划一，商品大小合理，角度摆放一致（大部分一致，可以有少量不同），促销信息的位置、角度都保持一致，这样看起来才不会有乱糟糟的感觉。如果促销信息非常多，也不应该占据过多的位置，导致主图商品看不清，有喧宾夺主的感觉，毕竟商品图片才是第一吸引要素。

案例③ 各种不同图片同时出现的混乱体验

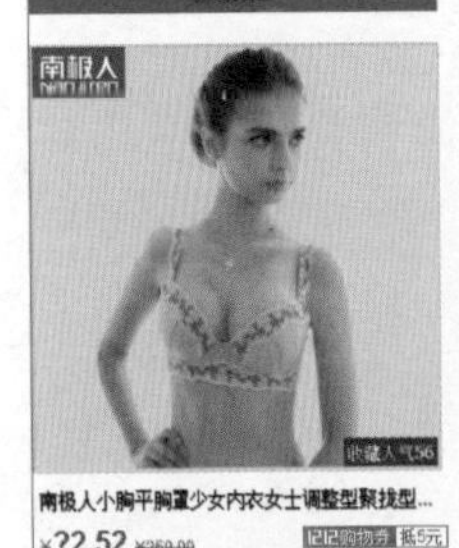

这屏促销区域中，既有中国模特，又有外国模特，还有不同肤色、不同光线、各种风格（典雅风、韩式、欧美等），还有半身图。这样的大杂烩搭配看起来很乱，要集中注意力才能看清每一张图，也扰乱了顾客对这一块区域的整体感受。

案例④ 各种色彩各种角度同时出现的干扰体验

这屏促销区域中，虽然说都是袜子产品，每一张图如果单独看都挺漂亮，但是组合起来就是一个字——“乱”！这么混乱的信息不仅让顾客看图片的心情大受影响，更是让原本漂亮的图片都失去了风采，如果不仔细看，根本很难看清图片。这是因为过多的颜色、各种图案、各种角度的摆放，扰乱了视觉的集中，造成了一片乱哄哄的干扰体验。

案例⑤ 外观几乎无差别的缺失体验

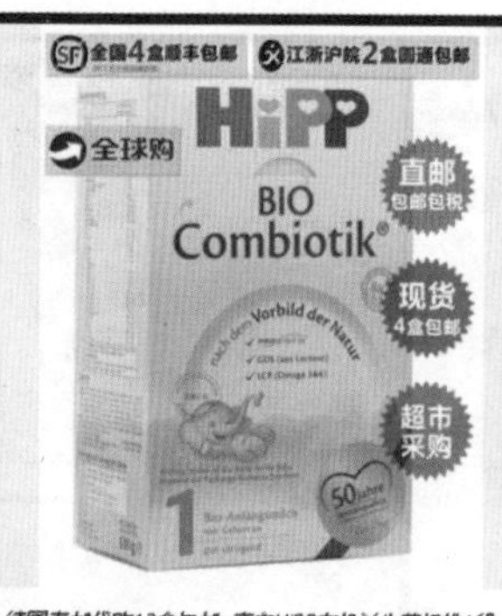

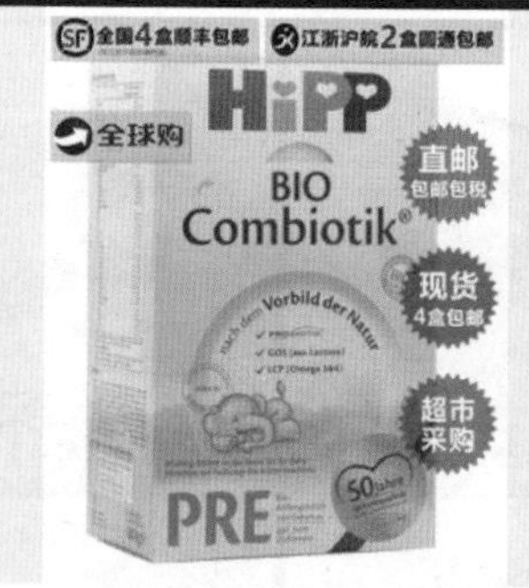

全国4盒顺丰包邮
江浙沪皖2盒圆通包邮
全球购
HiPP
BIO
Combiotik
直邮
包邮包税
现货
4盒包邮
超市
采购
PRE
德国直邮代购12盒包邮：喜宝HiPP有机益生菌奶粉Pre新生儿600g现货
RMB 135.00

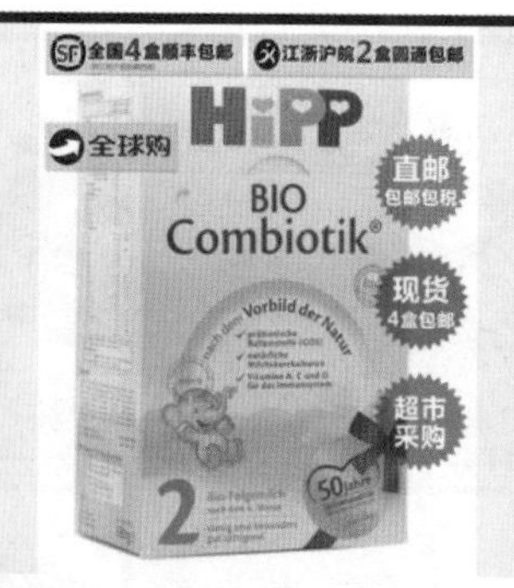

如果看到这一屏促销区域，顾客第一感觉是，不能明显发现这6个商品有什么不同，这样就造成了一部分信息的缺失和审美疲劳。因此在做这种外观几乎一模一样，只有部分细微区别的外包装图片时，如果要做成促销图，那么必须强调出它们的不同，以及给它除外包装之外更多的一些展示，如加上不同年龄阶段的小宝宝匹配不同的段数，或加大重点突出的促销卖点。

案例⑥ 促销常用展示效果

这种展示模板中，把鼠标放在其中一张图片上，会放大显示图片上的商品、名称和价格信息。不规则大小的三张主图，给顾客新的视觉刺激点，营造促销氛围。

案例⑦ 促销常用轮播展示效果

鼠标不停留在图片上时，图片会每隔几秒钟自动轮播，也可以用鼠标指向下面的小图，上面大图就变为和小图片对应的大图。这样，同样的单排显示，就可以一次显示3个商品，而一共可以显示12个商品。在一眼可见的最短的滚动范围内让顾客视线长时间停留在这个位置，并且能够自由挑选12张图片中显示任意3张，压缩了信息展示的篇幅。

案例⑧ 改良式瀑布流的促销展示效果

“瀑布流”的展示方式很适合一些时尚女性商品，它起源于图片收集类网站，因为打破单排展示整齐划一的常规做法，错落有致，显得气氛活跃。这是一个改良过的仿瀑布流的排列用法，在放不下图片的位置用色块

和促销信息来填充，促销氛围很浓。

但在借鉴使用这种形式的时候要特别注意商品图片本身的质量和统一性，不然就会显得很乱，容易有低俗感。

案例⑨ 组合使用不同的陈列方式增加主推关注效果

图1展示的玫红色系包包系列仔细看属于同一个颜色的不同款式商品，用这种组合方式，让顾客先把目光投向模特大图（主推商品），在对商品穿着效果有

一个大体印象之后，顾客才会更加关注左边不同款式包包的细节，自动“脑补”不同款式包包的穿搭效果（如果是普通的仅有包包的展示显得平淡无奇，有的顾客就可能直接滑过页面）。一方面，让主推商品的面积增加，能更有效地增加顾客对主推商品的印象；另一方面，可以让顾客持续关注这一个系列的每个商品细节。另外，对于看习惯了横排商品（目前很多店铺通用横排展示）感到审美疲劳的顾客来说，有一个新的视觉感受无疑是一个新鲜的刺激点。

图2展示的是休闲包系列的不同款式，因为属于同样的风格，和模特身上的衣服也都能搭配起来，因此这是不同款式不同颜色类似风格的推荐。信息量很丰富但能有机结合在一起。

图1和图2的图片组合效果可以单独使用，也可以组合在一起使用，让顾客有不同的视觉体验，可以很好地避免审美疲劳，制造新的关注点。

案例⑩ 隐含主次推荐的热卖商品区组合

在不同大小的图片拼接组合的形式中，隐含了主次推荐，因为每个图片的位置不同、大小不同，所引起的顾客视线走向和关注度也会不同。一般来说，颜色更醒目的更大的图片，引起的关注更多。

案例⑪ 组合式的商品组合推荐

这样的展示形式在有限的篇幅内，可以展示5个同样数量商品的页面，并且每一个不同的类目页面下都有主要推荐商品（大图），对于商品SKU数量非常庞大的店铺来说很适用。

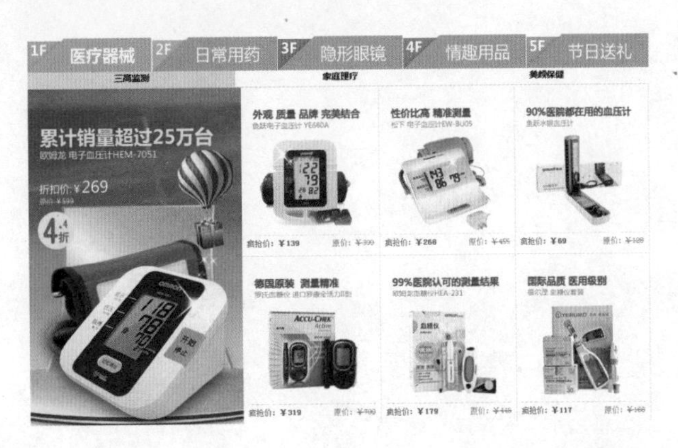

营销型分类引导设计

营销型分类的主要目标是明确引导顾客，并给出促销提示。这样的分类在设计之前就要为顾客考虑，从功能性、合理性上去多加考虑。有的分类区将客服旺旺和一些其他的信息，如二维码等都集中在一起，这样也是可以的。

分类原本的功能就是为了更好地引流，为营销服务，因此不能脱离它的本质功能，一旦脱离只有形式的外壳，给顾客不太方便的感觉，或是浪费了过多版面，就需要优化了。

案例① 繁杂的分类

所有宝贝 ALL
花样新品 HOT
秋冬热卖 HOT
按销量
按价格
按人气
按收藏
床品 BEDDING
件套
被毯
枕芯
床垫
夏凉
家居
件套 BEDCLOTHES
按面料分
全棉斜纹
全棉活性
磨毛
按风格分
唯萨新花样 HOT
张小盒系列
摩登民族风
其他
按件数分
三件套
四件套 HOT
被毯 QUILT
按季节分
春秋被
秋冬被 HOT
夏被/空调被
盖毯
按材质分
羊毛被 HOT
蚕丝被
大豆被
纤维被
家居 HOME
靠垫/抱枕
毛浴巾
拖鞋
桌布/桌旗/餐垫
尺码 SIZE
1.2M床
1.5—1.8M床
1.8—2.0M床 HOT
价格 PRICE
100以内
100-300
300-500
500-800
800以上
客服中心 SERVICE
售前服务
唯萨旗舰店
售后服务
薇笑
薇欣
旺旺工作时间：9:00-23:00
服务电话：400-666-0965 9:00-18:00

这家店铺是做床上用品的，其分类的出发点是从顾客的角度进行统一划分，方便顾客搜索。因此，它从顾客的角度和顾客搜索的习惯出发，将店内商品分为：一级分类（床品）——下面有二级分类（件套、被毯、枕芯、床垫、夏凉、家居）。从营销的角度看，这个分类点击应该很少。右边第二个一级分类件套下面有3个二级分类：按面料分（有全面斜纹、全面活性、磨毛）、按风格分（有张小盒系列等）、按件数分（有三件套、四件套）……后面不再一一概述。

这种分类方法是否正确，取决于顾客是感觉到方便，还是觉得太凌乱。显然从功能角度上来说确实很全面，但是顾客容易看不清并造成阅读障碍，并且很多分类都不一定是顾客喜欢去点击的。所以我们可以对这个类目进行再次精简，将一些用处不大的类目去掉。

如我们可以将一级类目直接设计为：

三件套/四件套 被毯 枕头 床垫 家居用品

二级类目则可以简化为：

三件套/四件套：全棉斜纹 全棉活性 磨毛

被毯：春秋被 秋冬被 夏凉被/空调被 盖毯 羊毛被 蚕丝被 大豆被 纤维被

枕头：枕芯 靠枕抱枕

家居用品：毛巾浴巾 拖鞋 桌布桌旗餐垫

这样分类简化了很多，也不会有太多阅读障碍了。但是在设计上，就需要将这些长短不一的分类进行合理规划，这时可以采用非纯文字的方式，主要目的是“划分明确区域帮助表达和阅读”。

这样进行分类之后，在右边或者其他位置，做出“维萨新花样、张小盒系列、摩登民族风”。至于床的尺寸，在选择商品属性中会看到，因此这里就不需要了，是一个比较多余的类别。

案例② 简洁明了的竖向分类用法

ALL 快速导航	FEMALE 女款羽绒	SILHOUETTE 版型	MALE 男款羽绒	COAT 风衣外套	S/S 春夏女装	OTHER 其他
明星爆款 HOT	明星爆款	A型 HOT	轻薄款	爆款棉服 HOT	连衣裙/半裙	童装羽绒服
反季羽绒	轻薄款 HOT	0型	短款	风衣	针织衫	春夏清仓
14秋冬新品 NEW	短款加厚	箱型	中长款	呢大衣	衬衫	秋冬特惠 HOT
新品排行	长款加厚	H型	马甲	皮草	T恤/雪纺衫	39—69专区
价格排序	奢华皮草	X型		秋外套	吊带	79—99专区
	马甲			防晒衣	裤装	
				小西装		

和上面的案例相比，这个分类就做得干净利落，没有重复啰唆的地方。并且加入了“快速导航”，帮助顾客直接看到更多人搜索的分类，或者主要推荐的分类。一个明确简洁的分类有利于增加页面的到达率，并让顾客对店内所售商品类目一目了然。

主推的分类在这里用红字标签标明，更加醒目，具有引导顾客点击的作用。

每个一级类目下的二级类目的数量类似，不会出现太多太少的情况时，就比较合适做竖向分类。

案例③ 横向分类的用法

每周二新品 12月2日新品 11月25日新品 11月18日新品 11.11新品嘉年华 11月3日新品 10月28日新品 10月21日新品 10月14日新品
冬款上新 棉衣 羽绒服 外套 夹裤 绒裤 高领 打底衫 卫衣 加厚毛衣开衫 加厚衬衫 羽绒马甲 棉背心 加厚套装 棉哈衣
秋装热卖 套装 长袖T恤 单裤 背带裤 外套 西装 夹克 风衣 毛衣 马甲背心 衬衫 哈衣
宝宝用品 帽子围巾 睡袋 袜子 鞋子 口水兜
综合选区 套装区 内衣 居家服 裤子 亏本抢购专区 HOT

当每个一级类目下的二级类目的数量较多，或者有的很多有的很少时适合做横向分类。这个案例中的“每周二新品”是按日期更新的一个分类，其他的一级类目名称也都是根据热卖区域来划分的，这样针对店铺内商品数量多、类目多的常规分类方式更容易区分，顾客也看得更清楚。

案例④ 可直接到达商品的分类

这个案例中的一级类目是大类目，二级类目一部分是商品名称，直接可以到达商品，而系列商品是到达分类页的。食品类店铺经常有这种分类不明确的困扰，可以作为参考。在分类上加上搜索条也是一种有利于分流的做法。

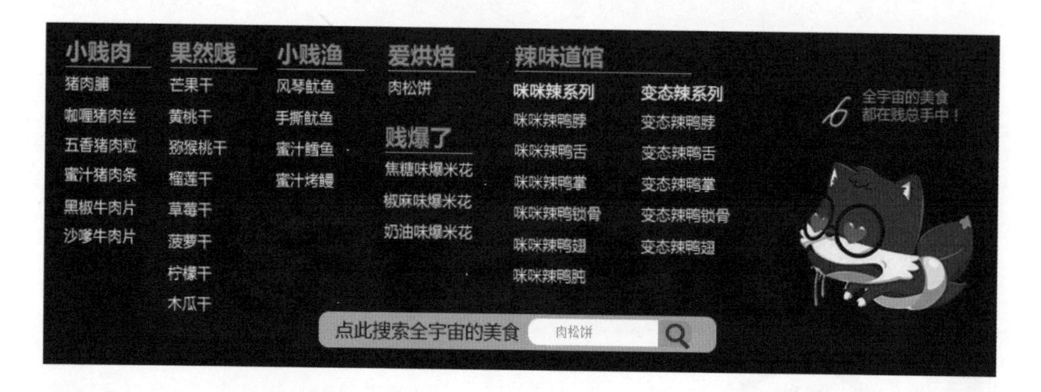

占地面积过大的分类

这个分类想把所有事情都详细地说清楚，但是在设计上并未经过仔细的视觉设计，因此它和上面的客服中心和下面的店铺公告一起联手，就这样轻易地占满了整个屏幕，不仅占了位置，顾客还不方便阅读，这是不利于营销的。因此，我们应该从营销的角度对这些文字进行精简和归类，并用视觉的设计规划帮助顾客在最短时间内看到最想要的信息。

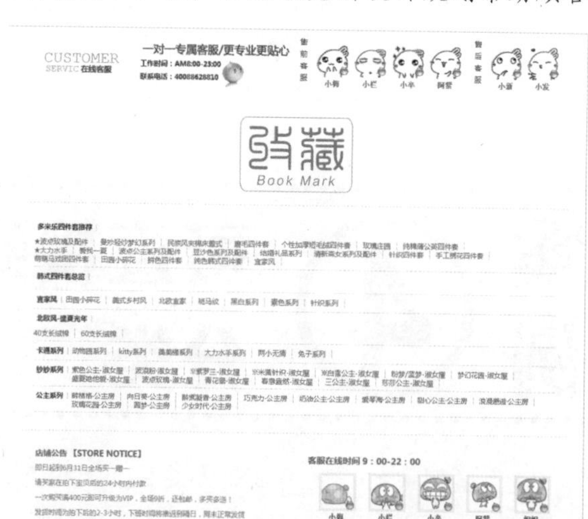

其实在首页中我们不一定完全要用到上面几种详尽的分类形式，一方面这些分类不一定能够在营销中起到完全的引导作用，另一方面有的店铺的分类特殊，更适合做成 Banner 的形式。因此，下面我们介绍一些可以在首页上替代分类区，或者和分类区一起使用的，对营销更有作用的一种做法，我暂且给它一个新的

名字叫作“分类引导区”。它不仅能够起到与分类区同样的引导作用，在形式上还会更加具有营销感，其具体表现就如一个一个的小 Banner，可以灵活设计使用。

案例⑥ 热推 Banner+ 常规分类

3 个 Banner“热卖商品”、“最新商品”、“折扣专区”作为主推的活动区，下面是常规的分类，分为“男子商品”、“女子商品”、“儿童商品”、“运动装备”，然后再往下细分。这种按人群分类的方式适用于商品类别较多、顾客人群较广的商品。

SALE
折扣专区

男子商品

鞋类　运动生活　冬季精选
上衣　篮球　AIR MAX 系列
裤装　跑步　LEBRON 系列
装备　男子训练
足球
滑板

女子商品

鞋类　运动生活　冬季精选
上衣　跑步　SPORTS BRA 运动内衣
裤装　女子健身
装备

儿童商品

男孩（7-12岁）　鞋类　冬季精选
女孩（7-12岁）　服装　DYNAMO 系列
幼童（4-6岁）　装备
婴童（0-3岁）

运动装备

运动包
篮球
袜子
足球

案例⑦ 小 Banner 组合 + 快速导航

这种形式其实是把商品按照人群进行分类，并没有继续往下细分，“内衣”、“男童”、“女童”、“婴童”都是针对不同年龄段和不同性别的一级类目，右边是两个推荐专区。左边增加了更细分一些的快速导航，但是并没有把全部分类都列出来，显示的仍然是热卖指数较高的，或者搜索指数较高的类目。这种方式适用于容易分年龄段和性别的店铺。

案例⑧ 主打简化分类法

如果分类非常少，顾客会觉得商品少吗？不停地扩充分类，把分类弄得满满的就显得商品很丰富吗？

如果一家店铺专心经营鞋子，我们会发现，夏天主推的就是凉鞋类产品，而冬款的商品有各种靴子，长靴、短靴、裸靴，真皮的、带毛的，但是如果冬天我们只有雪地靴怎么办呢？

没有关系，我们可以用这种方式避免这种情况的尴尬。如果只有雪地靴，就给顾客推荐“冬款雪地靴”把它作为一个二级页的专区来进行分类吧。

如图所示的第一个案例，它的分类非常明确，店内就主打“冬款雪地靴”、“女童靴子”和“运动休闲鞋”，其他的都没有，那么再加上“新品上架”和“全店热卖”，就可以作为一个很好的分类区了。点击就进入二级页或者分类页，还可以当作活动区域来做，很灵活。

案例⑨ 图文简化分类法 1

本例主营男士商品，主卖4个主打分类，配上相应的大幅模特图，用丰富的视觉效果去弱化文字的单薄效果，也非常吸引眼球，增加点击率，具有非常好的营销效果。这样做，顾客也不会觉得分类太少。

案例⑩ 图文简化分类法 2

这种分类法其实是点击进入二级页的小 Banner。有了这些，无须更多啰唆的复杂分类了，因为秋冬店铺就卖这几类的主打商品。因为店铺主营类目比较精确专业，也就意味着类目是比较有限的，这种类型的店铺目前有越来越多的趋势。

案例⑪ 图文结合分类法 1

这个店铺的商品很多都有固定的使用场所，例如浴室、餐厅、厨房等。如果再往下细分就有很多凌乱的杂七杂八的小物件，如果专门做成二级类目又不够丰富（只有一两个单品），如果全部罗列出来又显得篇幅特别长。因此如果用使用情景的图片，就可以让顾客了解这是什么场所使用的东西，顾客就能够大致想象出有什么商品了。例如“浴室”这个分类中，就是所有浴室里所用的布艺装饰了。

这种图片和文字组合的方式，往往可以传递大量无法用文字表达的信息量。而如果没有合适的背景图怎么办？如“进口商品专区”，那我们就用白底加文字，搭配在一起也挺美观。

案例⑫ 图文结合分类法 2

这种分类方式也是图文结合的方法之一，所用的文字是商品系列名字或者商品风格、属性，配图是来呼应文字的，突出一级分类。二级分类用文字写在下面，因为这个店铺的特点是商品品种比较少，都集中在碗、盘、茶具及其他。因此用四个小分类就能分完，这样的结合方式也比较有新意。

案例⑬ 按上新时间分类，适用于上新频率高的时间段

8.18 优雅系列 点击进入 >
8.28 成熟系列 点击进入 >
9.8 俏皮系列 点击进入 >
9.18 千面系列 点击进入 >
9.28 温暖系列 点击进入 >
10.8 女神系列 点击进入 >
10.16 随性系列 点击进入 >
10.28 淑女系列 点击进入 >
11.28 绽放系列 点击进入 >
12月 敬请期待 点击进入 >

这种分类方法非常适合在一段时期内稳定上新的情况。这家店是一家刚开不久的店铺，很多商品都会逐步上架，那么一个时期上架一个系列已经是计划好的了。因此，这样做出一个时间表和预告，并且标上系列的名称，不仅很适合顾客按照系列来看，还让顾客很期待下一次的上新。想看却找不到店铺怎么办？点收藏。这样增加了收藏量和店铺人气，还增加了顾客对店铺的记忆和黏度。

案例⑭ 适用于店内众多商品同时做活动的情况

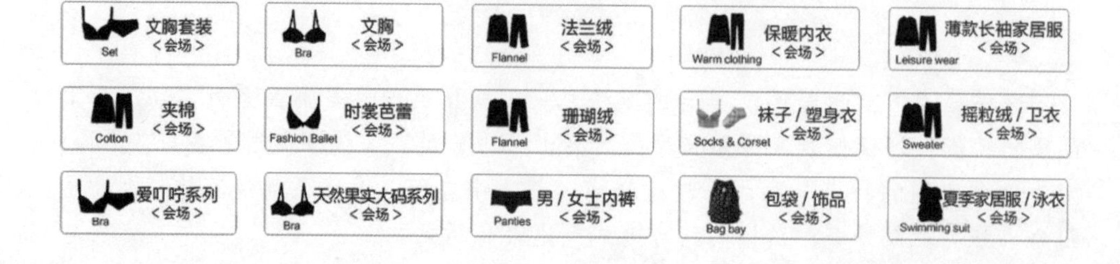

如果店内有大量的类目，商品的SKU非常多，怎么分类比较好？无论从什么角度来看都应该是篇幅太大的难题，这个案例中用的是小图Banner做会场式分类，在有限的屏高内展示更多的分类信息。用“小Banner+属性+商品剪影”形式来做就能达到效果了。

在大促时期直接点击这些分类也可以链接到分类页或者活动页。仔细看分类方式，直接按照商品的属性来进行分类，如“文胸套装”、“文胸”、“时尚芭蕾”，都是和文胸有关的不同属性商品，一个是套装，一个是单品，另一个是系列商品，可以同时存在。

案例⑮ 一个另类的分类做法——竖排文字分类

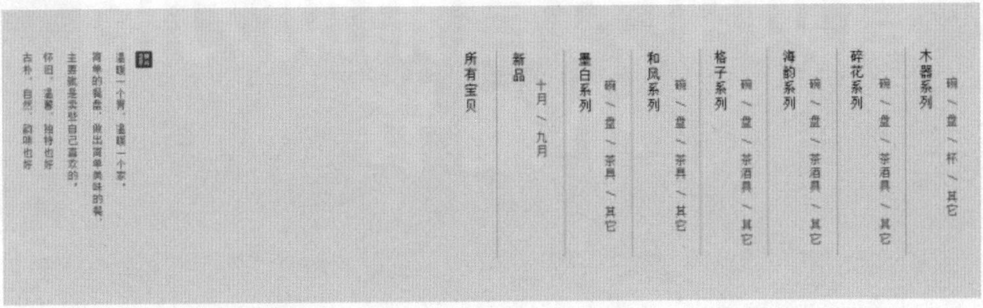

木器系列
碗／盘／杯／其它
碎花系列
碗／盘／茶酒具／其它
海韵系列
碗／盘／茶酒具／其它
格子系列
碗／盘／茶酒具／其它
和风系列
碗／盘／茶具／其它
墨白系列
碗／盘／茶具／其它
新品
十月／九月
所有宝贝
温暖一个胃，温暖一个家，
简单的餐桌，做出简单美味的餐，
主要就是卖些自己喜欢的，
怀旧、温馨、独特也好
古朴、自然、韵味也好

这是一个比较有调性的做法，但是这样做有一个前提条件，就是店内的商品不复杂，很明确，即使不看这个分类也不至于会有找不到商品的困惑。之所以这种形式不常用于普通店铺，是因为采用竖向文字，会对顾客造成一定的阅读干扰，不如横排文字那么好辨识，要静下心来慢慢看。因此对店铺的商品、风格和顾客群体都有要求。这个分类用在这里更多的是在呼应店内整体氛围，保持调性的一致，因此在使用时要谨慎。

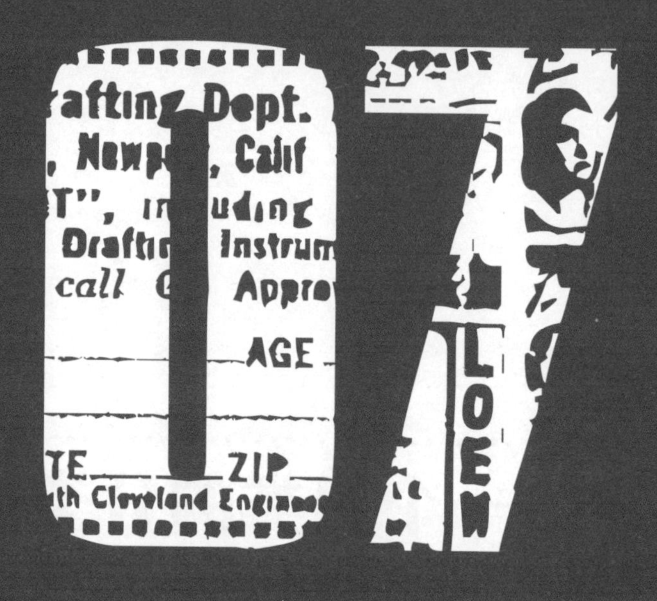

首页中为营销助力的小细节

7.1 店铺左侧栏对营销的妙用

店铺的左侧栏对于营销来说也是很有用处的区域，在做内页时左侧栏默认是展开状态，并且可以加入一些营销模块，这些营销模块可以是小 Banner，可以是单品推荐，可以是活动促销，也可以是热门收藏、人气商品，营造热销的氛围。

因此，千万不要浪费了这个绝佳的广告位，哪怕首页上不显示左侧栏，在内页设置默认左侧栏展开之后，在详情页和分类页中也可以发挥同样的效果。

案例① 左侧栏小 Banner，单品推荐广告位的使用

在浏览详情页内容时会同时被左侧栏的广告图吸引

案例② 视频区的黄金左侧栏位置

在这里有一个黄金广告位，如果在你的内页中出现了视频，那么顾客在视频区停留的时间会比较长（跟视频的播放时间差不多长），这个时候在视频左侧栏的位置就值得去利用一下。如果店铺中有需要将流量引导过去的单品，可以放在这个位置进行展示，可能会产生意想不到的效果。

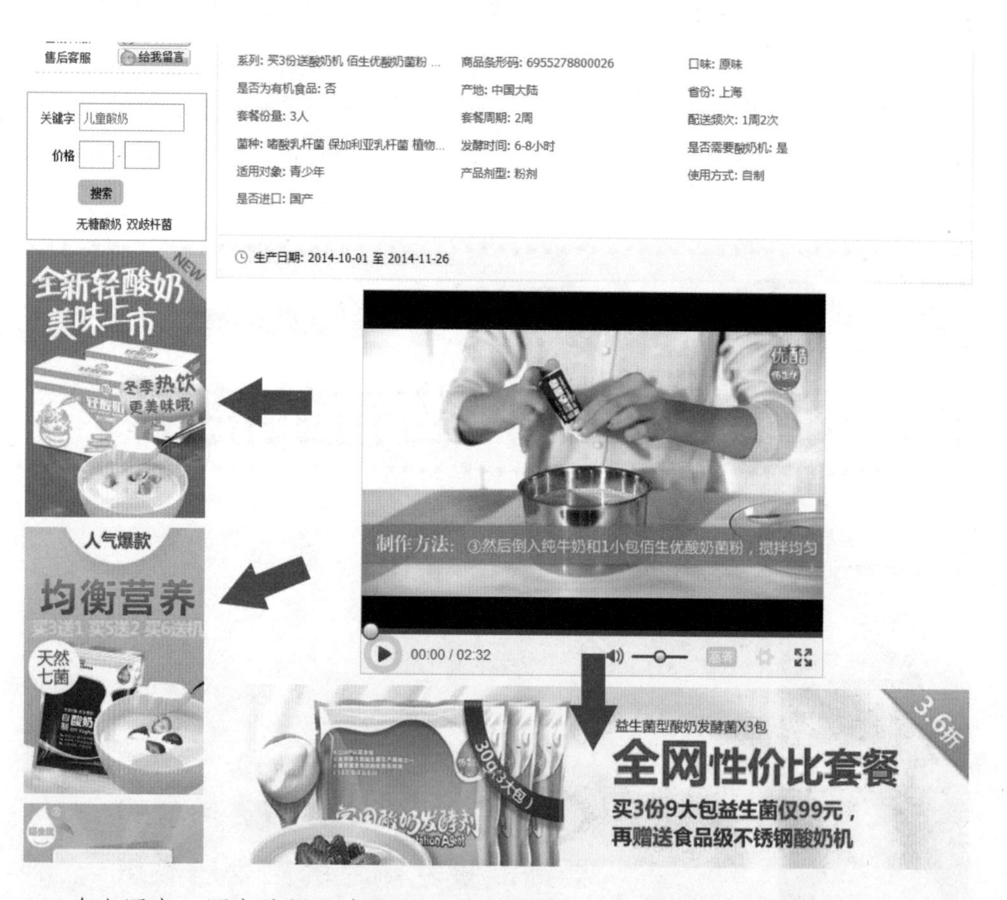

在上图中，顾客的视线在视频区域会停留2分半钟之久，那么在视频区附近都是黄金广告位置，在做设计的时候，应该注意将店铺内最想推荐的活动，展示在这些区域，效果就会特别好。

案例③ 宝贝排行榜的使用

宝贝排行榜有两个可切换的选项，一个是销售量，一个是收藏数。如果店铺的商品已售出的笔数比较多（一般上百，最好是上千），就可以选择用这种形式。这样可以营造出店铺热销的氛围，并且可以从数据上很直观地让顾客知道什么商品卖得最好，在选择上顾客也会参考这个数据，并且引发顾客的“从众”心理和羊群效应。

从众心理是一种大众行为，大多数的人都希望自己的行为是被多数人所认同的。从营销的角度来说，从众心理可以影响顾客迅速下决定，减少犹豫的时间。因此，卖得越多的交易笔数，越能让顾客认为这个商品是经得起考验的，是大家都喜欢的，自己购买就不会买错。

但是有一点需要注意，当我们启用宝贝排行榜帮助我们做营销效果时，如果商品售出数量只有几笔，就不适合开启这个模块了，因为这样有可能会让犹豫的顾客更加犹豫不决甚至放弃购买，起到反效果。

案例④ 二维码、微淘、收藏等扫码

左侧栏因为特别长，从页头贯穿到页尾，因此我们可以在页头、中段、页尾这几个位置插入一些二维码、收藏的Banner。如果首页也想做成这种效果而不显示左侧栏的话，也可以用悬浮来展示这些内容。

7.2 好页尾挽留出店流量

当顾客从上到下浏览了首页，到了页尾，我们是否也能做一些什么来帮助营销呢？答案是肯定的。页尾部分非常重要，因为它关系到顾客是否回到页头，是否点到商品页面，是否点分类页，是否还留在店铺中，而不是关闭页面。只要顾客还在店铺中停留，我们售出商品的转化率就会提升。

关于视觉的几项数据说明：

❶ 平均停留时间越长，转化率越高；

❷ 店内跳转率越高，转化率越高。

因此，尽可能将顾客留下来，在店内多浏览几个商品，总会对转化率的提升有所帮助。

案例① 页尾强调服务优势，在线客服帮助顾客增加信任印象

在线客服
9:00-21:00
1小时快修服务
7天无理由退货
15天免费换货
满150元包邮
520余家售后网点
货票同行
授权经销商

当顾客浏览到页尾时，对店铺中出售什么商品已经大致了解了，可能现在他还有些犹豫，我们可以用“服务承诺”、“品质承诺”、“资质”等提升顾客信任度的信息来让顾客打消疑虑。一般在这里也可以集成旺旺在线客服图标，如果顾客还有什么疑虑可以直接点击咨询客服，而不用拉到页面上方去寻找，减少顾客因为麻烦而放弃咨询的可能性。

回到顶部

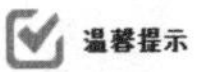
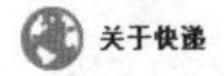
温馨提示
购买后如发现质量问题请不要直接差评，否则不予任何售后服务。
关于色差
所有宝贝均为实物拍摄各显示器显示不同，对色彩要求高的买家请慎重。
关于快递
本店快递默认自建物流配送和顺丰快递配送
关于退换货
专业的售后保障，品质保障
售后客服
吊瓜子 开心果
工作时间
周一至周日 上午08:00 - 晚上21:00

这个案例则在上一个页尾的基础上，强调了“回到顶部”，将流量向页头引导。

案例② 品牌信息扩展综合

这是一个品牌家具页面的页尾，在这里介绍了品牌的“品质控制”和“战略合作伙伴”，增加可信度和品牌认知；往下是4个主要分类，可以点击到具体分类；再往下是服务承诺“官方品质”、“7天无理由退换”、“100%实物拍摄”，消除顾客对网上买家具不放心的疑虑。在左右侧醒目位置的“二维码”引导顾客使用手机扫描，“关注品牌”让顾客有二次回店的机会；点击“返回首页”可跳转到页头。

泡芙小姐的页尾则更注重讲述品牌故事，也增加了一个导航条将流量向其他地方引导，还增加了一个手机二维码。

首页　所有宝贝　泡芙小姐的故事　帮助中心　收藏我们

泡芙小姐，寻找真爱的欲望精灵

《泡芙小姐》由优酷及互象动画重点打造，作为国内首部都市时尚情感动画系列剧，《泡芙小姐》一经推出，即赢得了众多喜爱她的受众，点击率目前累计超过两亿。

《泡芙小姐》不断获得知名品牌的青睐，先后与通用、联想、索爱、三星、雀巢、文格、西树泡芙等品牌进行了深度合作。

手机扫描二维码
快速收藏店铺

案例③ 继续引导流量

所有宝贝　爆款推荐　关注微淘　返回首页　收藏店铺

客服中心｜　每日8:00-24:00

售前咨询　小红：　小新：　小黄：　小青：　小慧：

团购服务　ecovacs神嗦：

全国客服热线　每日8:00-20:00

400 779 4666

收藏本店

返回首页

梦想.坚持.年轻
EMANCIPATORY WAY

正品保证
高端优质正品
杜绝劣质奖品

金牌售后
7天无理由退换货

如实描述
100%实物拍摄
真实描述

快速发货
48小时内快速发货
（节假日除外）

长袖衬衫
SHIRT
点击查看

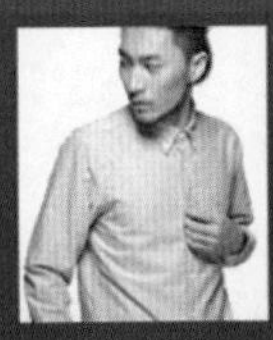

保暖衬衫
SHIRT
点击查看

大衣专区
COAT
点击查看

羽绒专区
COAT
点击查看

棉衣专区
COAT
点击查看

裤装专区
PANTS
点击查看

这个案例中，有几个引导流量的做法。

❶ 点击“返回首页”之后立即回到页头，顾客可以不用费力地将页面拉回上方，方便顾客直接回头去看刚才感兴趣的内容；

❷ “收藏店铺”和“手机二维码”，都是将要出店的流量再次转化一下。有一部分人会点收藏，一部分人会扫描二维码，这样增加收藏量之后，店铺的动态更新时顾客也能看得见，增加二次来店的机会。

❸ “分类”将想看具体商品的顾客，直接引导到分类页。

案例④ 小而美店铺的页尾营销点

这个案例中，展示了店铺的殊荣“已被制品网收录”、“已被我爱搜罗网收录为美好店铺”，旁边是几个店内热销商品的再次推荐展示。在下方有品牌故事“关于驼背雨奶奶”，“工作时间”、“联系我们”，这种页尾让顾客感到比较有人情味，右侧是“收藏”和“二维码”。这种页尾很典型，非常适合小而美的店铺的营销。

案例⑤ 带搜索条的页尾

SEARCH

返回首页 | 所有宝贝 | 关注我们 | 收藏本店 | 我的订单 | 返回顶部

【关于发货】

本店合作的快递为某通、某通，如需发其他快递请联系客服！如发顺丰、EMS需补运费10元！我们承诺付款后72小时内仓库为您发货。

【售后服务】

本店支持七天无理由退换货服务，如有任何问题都可以在七天内联系我们客服，然后将货品寄回，我们会尽快帮您处理。

【色差说明】

本店所有商品均为实物拍摄，尽最大可能接近实物色彩，在不同的显示器显示的产品会有差异，色彩偏差异较严格者请仔细考量。

手机扫描二维码

搜索条+导航栏+服务承诺+二维码，这也是常见的页尾之一，搜索条和导航栏具备引流功能，服务承诺具有增加顾客信心的作用，二维码让顾客收藏店铺增加二次来店机会。

总之，做营销型页尾的一般思路都是将可能出店的流量做再次挽回，总能够留住一部分顾客。还有一部分留不住的顾客也要让他们收藏店铺，或者扫码，这样能得到一部分二次来店的机会，最大化地挽回流量成本。

案例⑥ 三只松鼠系列的页尾

“科技让坚果更健康”让人想起了“科技以人为本”的广告语。这个页尾上增加了活动大促的分会场链接，可以直接点击进入促销页；下面是三只松鼠其他品牌的链接，点击可到达其他店铺页面，最下面是“点我回到顶部”。

而“松鼠小贱”页面上则是会员制入会邀请的活动，下面的内容则和同系列的其他品牌是一样的，保持了品牌展现的一致性。

案例⑦ 一个大品牌店铺的页尾

也有比较特殊的例子，例如这个案例是耐克官方旗舰店的页尾，它的页尾设计就非常简洁，只有一个双 11 的公告和旺旺客服中心，做到了极度简洁。这样做是否合适？

公告：Nike天猫官方旗舰店感谢您参与双十一购物狂欢节！我们已从11日零时起24小时全力发货，努力将订单用最快速度送达您的手中！请您耐心等待！
付款订单将尽可能在11月20日23:59:59完成发货，由于订单量巨大，客服人员也可能并不同步知晓每一个订单的实时情况，感谢各位的理解。
此外，受亚太经济合作组织（APEC）会议持续影响，所有抵达京、津、河北、内蒙古的快递都将受到安检影响，有所延误，给您带来的不便，深表歉意。

若遇陌生人致电“支付宝账户出错，被冻结了，需在本人的指点下进行一系列操作来解冻”等类似的信息，多数为诈骗信息，勿轻信。
另外，NIKE从来不会要求您提供任何关于支付宝账户的信息。请您务必保护好相关个人账号安全。

客服中心

ALLISON	JOANNA	COCONUT	NIKI	AIMEE	MANDY
LISA	AMANDA	BONNIE	ARIES	CASSIE	COLORFULLY
TAURUS	CHERRY	MINI	LIBRA	CANCER	GEMINI
ABBY	ANNA	YOLANDA	PWW1		

仁者见仁智者见智，但是毫无疑问，因为 NIKE 已经有了极高的品牌知名度，因此顾客在店内享受到购物的便捷、快速和良好服务就已经足够了，实在无须多言。这也是大品牌的风格，对于一般知名度不高的店铺来说，还是比较难效仿的。

7.3 搜索条提升页面到达率

不要小看了搜索条，根据顾客的浏览习惯和行为，很多顾客在浏览页面时，都想要去找自己感兴趣的商品，对于已知要买什么的，有模糊关键词的，如果能够直接搜索到，就大大方便了顾客，也提高了这部分商品的曝光度。并不是所有顾客都喜欢把时间花在浏览所有商品页面上的，这样做也可以增加首页的引流功能。

案例① 有引导性的热门搜索

这种类型的搜索条我们在页面上可以做出来，在搜索框内我们也可以预设我们想推荐的，或者顾客热推的关键词，对顾客搜索会有一个暗示的作用，让顾客也去看看你预设的这个关键词，这样流量就可以引导到目标页面。

热门搜索 羽绒服

所有宝贝 冬款上新 裙装
毛衣/针织 棉服/毛呢 裤装

本店搜索 价格 - 搜索 烤箱 厨师机 榨汁机

本店搜索 ¥ - ¥ 搜索

搜索条推荐放在店铺首页，方便顾客随时搜索，至于在什么位置，可以有多种选择，一般有五个位置可以放。

案例② 搜索条的位置

❶ 页头部分——放在店招上的搜索条

所有宝贝 首页 店铺热销 人气彩妆 大牌护肤 加微信号：NALA_loveu，得优惠券

❷ 页头部分——放在导航栏上的搜索条

❸ 中间部分——和分类放在一起的搜索条

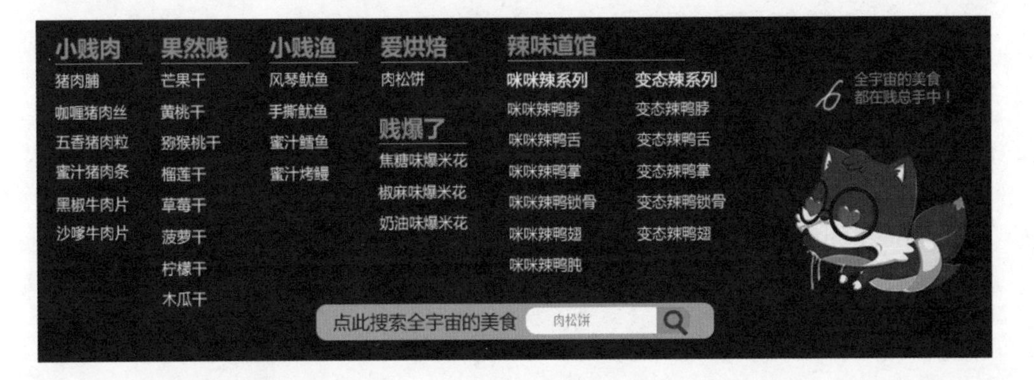

❹ 页尾部分的搜索条

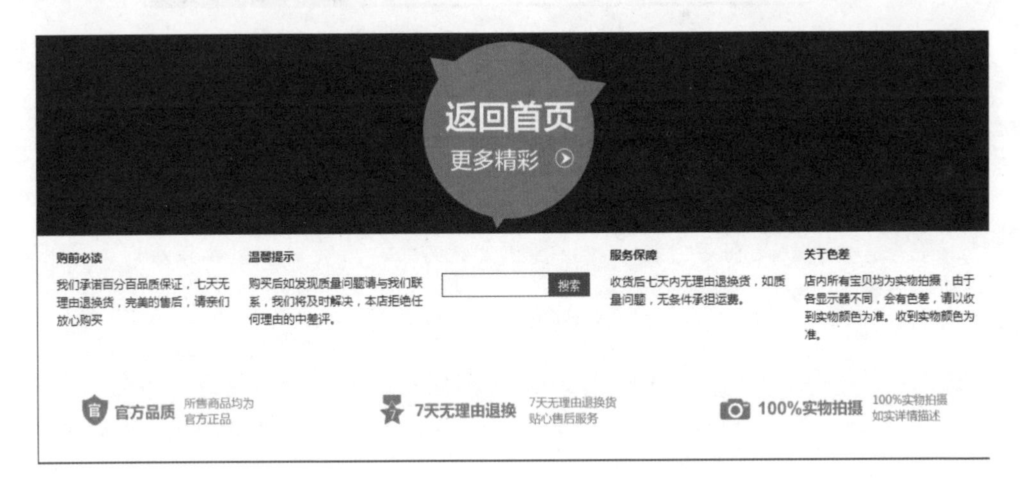

❺ 左侧栏上的搜索条

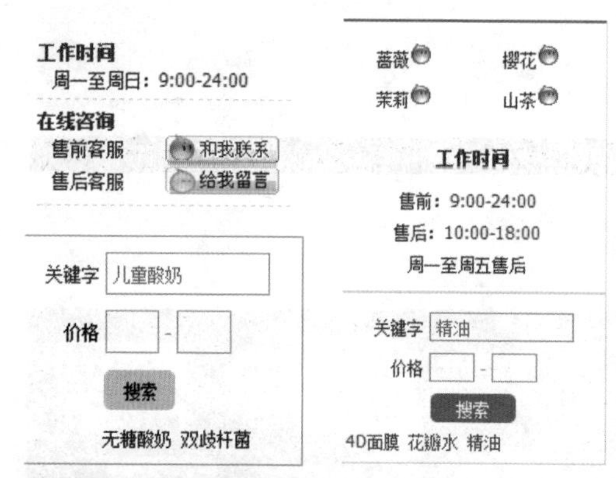

搜索条只要位置合适，能够在顾客需要的地方找到，就能够起到很好的营销作用。如果店铺中没有设置搜索条，顾客可能会感到比较麻烦，不能自由地寻找自己想要的具体商品。如果到淘宝页面上方去搜索，则有可能会跳失。

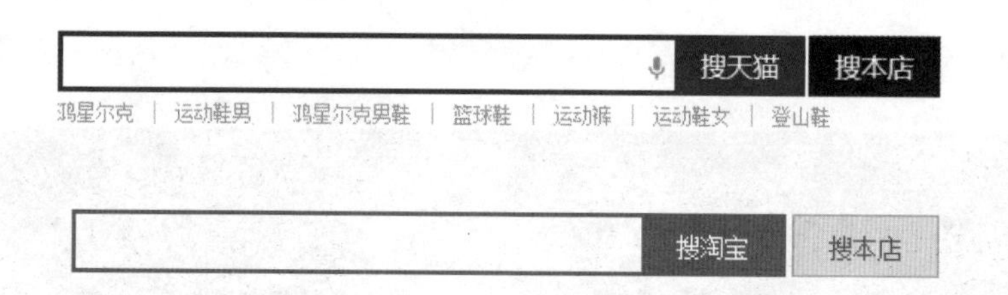

如果通过页面上方的默认搜索条去搜索，顾客有50%的几率会点到“搜淘宝”造成跳失。因此还是在店内适当地设置几个搜索条，更能保证顾客在店内浏览的数量和质量。

7.4 容易忽视的分类页广告位

当顾客点击进入分类的时候，在分类页上有一个大的广告位，但是很少有人会注意到这个位置，或者在这里放一些重复或不重要的广告图或者推荐商品，没有善加利用。

案例① 分类页页头

这里未经过设计的分类页页头，点击进去之后会出现该类目下面的商品，按照设置好的系统默认规则排序。这也是大部分店铺忽略分类页页头的默认效果。

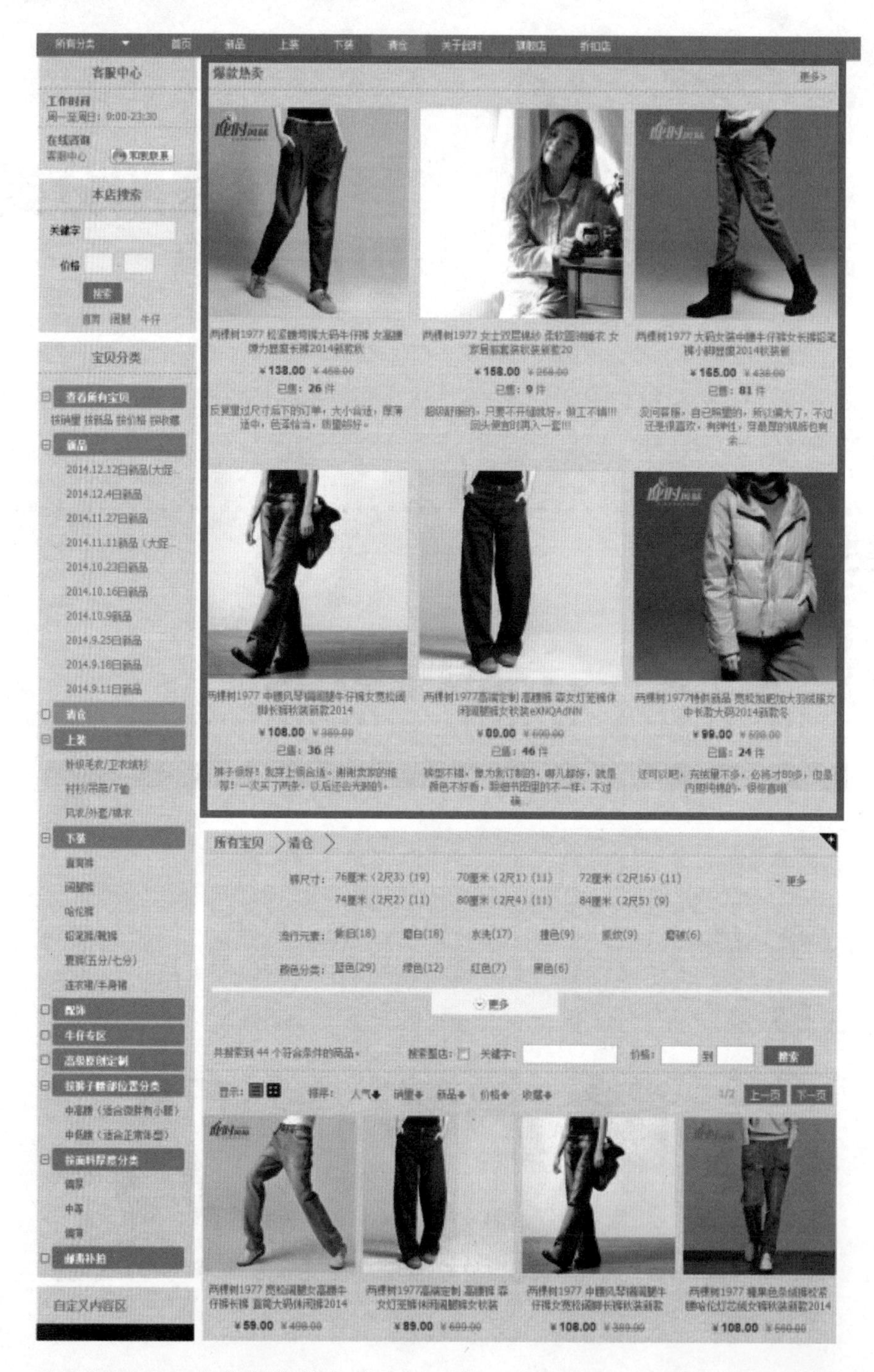

这里设置了一个“爆款热卖”专区用作分类页页头，推荐人气爆款商品，这种方式也可以提升爆款的曝光率。

这里设置了一个焦点轮播专区用作分类页页头，推荐人气爆款商品，这种方式看上去更大气美观一些。

总之，在这个广告位上的图片任务就是增加推荐商品的曝光率。因为顾客是点击相应的分类进入的，那么势必是对这个分类的商品感兴趣，如果能够有针对性地为顾客推荐这个分类下面的推荐商品，那就再好不过了。因此，如果店铺在这里还是空白默认状态，可以去设置一下。

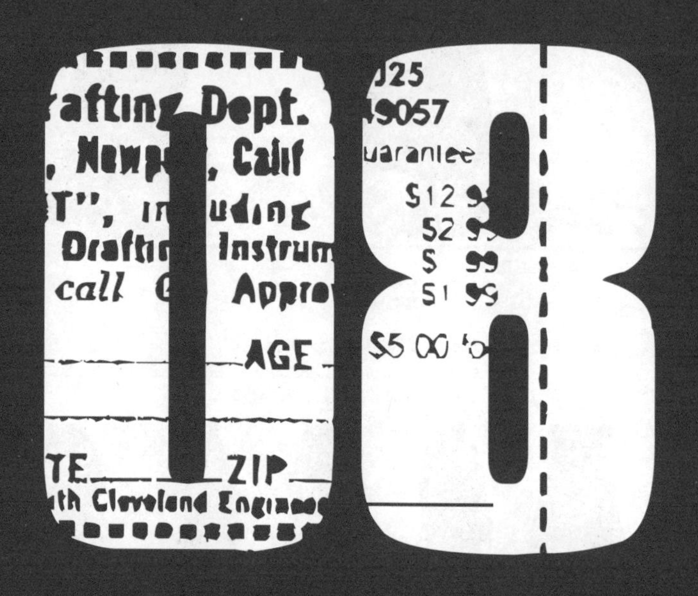

首页的营销与视觉

店铺首页在整个店铺中所起到的作用，就好像实体店的店面，作为品牌的门脸它的主要作用是面向顾客去做展示，通过视觉、氛围、商品、服务的综合感受，让顾客对品牌有一个接触和了解；作为一个销售场所它的作用主要是陈列展示店铺的所有商品，并引导顾客去找到他需要的商品；到了做大活动促销打折的时候，它是一个促销场所，要尽可能卖出更多的商品；到了新商品到店的时候，它是一个充满新意的导购和体验馆，用视觉和触觉勾起顾客的购买欲望。

店铺首页与实体店的关联

8.1.1 首页与实体店的关联

网店的店铺首页所起到的作用其实和实体店是类似的，只是更加平面化一些，将可以全方位体验的店铺，变成了一个用眼睛去看的页面。

就像逛实体店一样，我们站在店门外看到的，包含店招在内是首页的上半部分，其中有从外面看到的所有内容，例如：店招、橱窗、模特展示、店内巨幅广告、陈列架的摆设分布和部分陈列在醒目位置的商品。我们可以很直观地大致了解这个店铺销售哪些商品，然后再有目的地走进去找到我们要的商品。

进门之后，我们走向某一排货架，就好像走进了一个分类页，浏览这个分类下的产品。如果我们拿起一个商品仔细观看，询问销售人员，了解这个商品的过程，就好像在看商品详情页。

所以，在整个购买过程中的活动，和线下实体店中顾客的行为并没有完全脱离干系，只是变成了在页面上了解商品并下单购买，有一些信息变得更容易得到，更容易去比对。了解了这个情况之后，我们在策划和设计首页时，也要尊重顾客的消费行为和消费习惯，并尊重和参照实体店多年来销售经验中适合网络化的部分，这样才能不脱离实际，真正发挥首页的营销作用。

困惑 1：我模仿超市的活动方法来做首页，这样好不好？

试想一下，你会在超市里购买奢侈品吗？超市的 DM 单上都是什么样的商品在促销打折呢？奢侈品和快消品有着完全不同的销售区别，除了功能性之外，顾客只会在合适的场所购买合适的商品。例如你把 GUCCI 的包包放到街边拿到夜市上去卖，顾客只会认为那是假货，这就是因为场所氛围不合适。高端产品只会到高档的消费场所去购买。所以，模仿超市的活动形式来做页面，需要和商品本身的特性相匹配。页面除了展示商品之外，还要和商品的价位、风格相一致，营造对的消费场所才能对销售有助力。

8.1.2 首页与品牌的关联

首页的一个重要作用就是展示品牌，这不是画蛇添足。因为商品支撑起品牌，品牌赋予商品更多的附加值，所以顾客在挑选比对商品时，会考虑品牌知名度。例如去超市买电器，货架上有几个商品，外观、功能都差不多，价位也相差不大。但是有的牌子没听说过，有的牌子是小品牌，有的牌子是知名品牌。这种情况下，就算知名品牌价格要高一些，顾客也愿意选择知名品牌。这是因为知名品牌的美誉度比较好，商品质量更稳定，服务也更周到，所以顾客对品牌的印象会直接衍射到商品上，从而影响顾客的选择。

而首页给予品牌的展示，更多是让顾客直接接触品牌，了解品牌，并提升商品价位，营造一个符合商品的购物氛围。这里给出一些案例说明对比。

案例① 与品牌价值严重不符的首页不能为销售助力

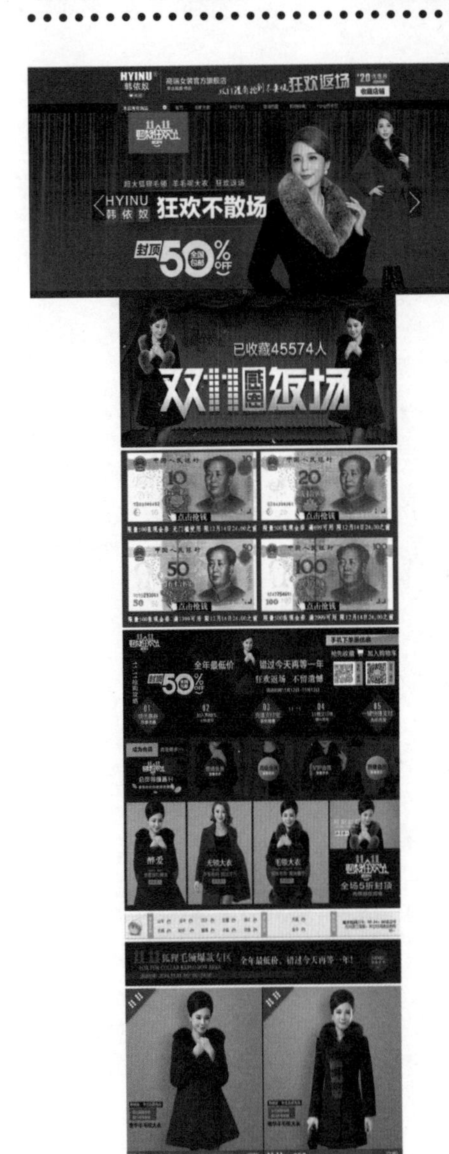

人民币促销券，闪动的黄字

大红色的底色和黄色配色的字，边角上的标签

如果不仔细看这家店铺的商品单价，你估计很难通过这个首页感受到，首焦上的那件衣服单价是 1 280 元，也没有感受到毛领是真毛。而造成这一切的几乎都是“自以为”营销感很“强”的元素，如：人民币促销券，闪动的黄字；大红色的底色和黄色的配色的字，边角上的标签。这些不符合品牌营销氛围的元素有一种廉价感，降低了商品的档次。

而且这个商品的品牌价值，已经被这些元素冲淡了，没有让顾客留下对于该品牌的理解和记忆。所以这个首页对品牌的诠释是失败的。

8.1.3 首页与使用场景、营造氛围的关联

案例② 以使用情景来作为展示方式

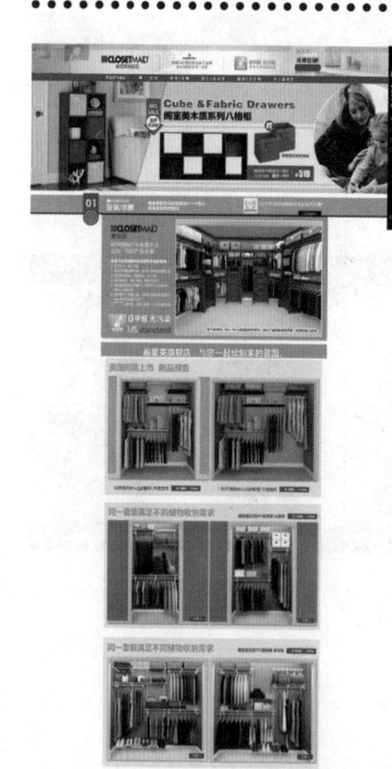

这家店铺的商品并没有直接拍个白背景像货架一样陈列在页面上，而是像一个个的样板间，并且在商品上挂满了道具（衣服）来模拟使用场景，这是以使用氛围情景化为主的表现形式。

这种情景化最有代表性的例子，在线下实体店中当属宜家家居了。

宜家家居的卖场陈列商品的方式非常适合网页展示，在线下的家居类产品店铺中，对于顾客消费心理研究运用得非常好。

宜家家居把卖场隔成一个个小空间，用产品进行布置，让人能实际感受到商品在使用过程中的情景，不需要想象，直接就能感受到。

并且在宜家家居里，并没有导购员，一切都是顾客自己观看挑选，并记录下商品的货号，最后直接去柜台结账提货。整个过程都与网店的消费者行为十分相似。

案例③ 以销售场景来作为展示方式

左图的首页给人另一种感受，在商品陈列的部分，是在模仿商品陈列货架，把每个商品展示得足够清晰，和线下的超市和一些陈列馆更相似。这也是很多店铺目前都在采用的一种表现形式。而在海报的部分，展示整套的商品，并给予背景烘托使用氛围，做出重点推荐。这也是淘宝网店中惯用的表现手法。

我们给出一种假设，这家茶具店铺本来是想让商品更有档次，想达到下面这种实体店的感觉。但实际上却因为白底图和拍摄灯光的错误表达而削弱了这种格调感，而变成了“卖货感”。

右图这个店铺则采用了与上图“格调感”类似的店铺展示方式。

有人说这是因为视觉元素，由于设计的优劣而呈现出不同的效果，其实不全是因为美工设计师的问题。我们在下一个案例中继续深入这个话题。

8.1.4 首页与线下店铺视觉传达方式的不同之处

如果是服装鞋帽店铺，那就更丰富多彩了。因为不仅有商品展示，还加入了橱窗设计和模特展示。但是在这里要提出的是，网店商品与线下实体店商品相同的情况下，因为展现方式的不同，在营销中会对顾客购物产生一些微妙的变化。这些变化有时候难以察觉，这主要是因为，目前大多数淘宝网店的经营者持有以卖商品、展示商品为主的初级营销思路，未上升到卖氛围卖情景的思路上，在营销手法上太简单随意，这样反而缺失了营销的效果。

实体店对商品的展示手法

网店中类似的展示手法

看上去类似的展示手法，因为上图有着用灯光、搭配、道具、空间感营造出来的氛围而看上去更高档一些。下图网店中常用的这种展示手法，就显得更平铺直叙而无情调。这种微妙的影响就好像是与一个化淡妆的姑娘在大白天约会和与一个盛装的姑娘在晚宴上约会，完全是截然不同的两种感受。

实体店对商品的展示手法

网店中类似的展示手法

两幅图中都用模特来展示服装，虽然上图是假人模特，不如下图真人模特那么好看，却也有着各自不同的好处。假人模特因为一眼看上去就很假，更容易让顾客关注到模特身上展示的服装。而网店中的真人模特却更像是一个有血有肉的偶像，顾客也会更关注模特的脸、长相、表情和动作，从中去感受商品，体验的角度会有所差别。如果把握得当，网店中模特的展示方式会更接近顾客，更容易引起使用情景的联想，但如果把握失误的话，营销效果就会受到干扰。

实体店对商品的展示手法

网店中类似的展示手法

实体店的橱窗更注重光效的运用，显得更有气势，更奇妙，更高大上。而网店中使用的模特更真实，更贴近生活，更有亲和力。从感受上来说，网店的展示手法应该更贴近顾客，让顾客能看得更清晰更仔细，但也正因为接近，往往就会滋生出很多干扰。例如模特的模样，在实体店展示中，模特的脸往往不是一个重点因素，能更好地把顾客带入商品的关注点上去，而页面上模特的脸就会成为一个长时间优先关注的对象。而网店运营者对于品牌把握到位的理解、资金实力、重视程度、专业技术等方面也会关系到选模特是否合适的问题。这些问题最终会造成展示效果出现偏差。

所以，从这个角度来说，如果网店的展示效果没有经过精心策划，可能实体店的假人模特反而比有的网店模特在表达方面更容易获得品牌想要的传达力和感染力。

实体店有各自不同的风格，不同的展示手法组合起来最终形成的这个店面效果，和店铺首页所表达的风格应该是类似的，这样营造出来的氛围也是类似的，如果有太大差距的话，说明在首页的策划过程中，只重视了商品陈列，而忽视了与品牌所营造的情景和氛围保持一致。

组合各种展示手法而成的实体店店铺

特别有一点要注意的是，电子商务起源于国外，所以从很早开始页面多模仿借鉴欧美风格，白底图，以突出商品本身的品质为主。但是流传到国内并自行发展了10年之后，本土化的电子商务早已经变得更加草根化、平民化，电子商务被大众接受之后，也变得更加挑剔，更需要博人眼球，特别是传统企业进入淘宝平台之后，竞争越来越激烈。传统企业因为有品牌策划的经验，只要熟悉了网络的水性，视觉设计的水平会更高。这样就带动了总体水平不断提高。

因此，这并不是美工设计师能够主导的思路，因为在目前网店经营现状中，大多数的运营者并未将“视觉”与“营销”两者高度结合起来，也就是在做页面之前，就没有“将首页打造成什么样子”的思路，所以拍图就更加自由随意，未经策划，而图片到达美工设计师手中时往往已经定型，所能够做出大幅度修改的余地并不多。那么一个首页，从一开始就已经注定了它会是什么样子。而美工设计师只能延续开始的思路，继续呈现出来。而重新拍图片，重新策划也需要大动干戈，是一个巨大的工程，而无策划的首页设计只能是一个混乱的整理过程。

8.2 首页皮肤设计对营销的影响

首页皮肤的设计常常被忽视，很多人认为只要有了营销的外框和营销的逻辑顺序，就可以完成一个店铺首页了。这样想没有错，确实是一个有了框架就能搭建起来的大楼，可是只有框架，没有填充，就好像一个没有外墙的大楼，你所能够看到的都是裸露的钢筋水泥，纯粹地展示内部，没有任何的装饰和装修，这栋楼看起来会感觉舒服吗？看上去更像是烂尾楼吧！

而事实上，皮肤的作用恰恰是丰满了品牌的内涵，将这些无法用文字表述的东西，甚至是一种感觉，通过色彩搭配、元素设计、图形、背景等完整地表达出一个氛围，让顾客在浏览页面的时候，通过这些氛围所形成的暗示，对品牌和商品产生好感，产生想拥有的欲望。

这个氛围的缔造需要一定的功底，因为它需要比较高的设计能力，但是在营销设计中，它往往决定着店铺首页给顾客的感受，这种感受从进店一直持续到浏览页面，因此我们应该对此重视。

这里我们来分析一些不同的店铺皮肤的案例，通过案例来感受氛围缔造对营销所起到的作用。

案例① 不同的蓝色首页的不同感受：纯净牛奶的感觉

这种蓝色给人的感觉是很纯净、整洁。和白色搭配在一起，就好像是在牛奶的漩涡中，被牛奶环绕的幸福感。因为这个产品是乳酸菌粉，用来让牛奶发酵成酸奶，利用它可以在家自制酸奶。因此它所想表达的是，自制的酸奶比超市出售的酸奶更安全，更让人放心，有更高的营养价值。因此这个配色和形式让人感觉很“安全”、“纯净”，从页面上都能够体会牛奶的味道。背景上隐隐约约的蜂蜜、草莓等让顾客感受到好吃的水果味道，从视觉传递到味觉，好吃且安全。这就是通过首页皮肤设计，让顾客产生的心理暗示。这种暗示是通过视觉符号传递的，比单纯写几个字效果要好太多了。

案例② 不同的蓝色首页的不同感受：度假的自由舒适感

爱琴海的蓝，给人一种度假感觉，这是化妆品的页面，让顾客从页面上感受到的是自由自在、“白富美”（到爱琴海度假不是普通人能享受的）、补水、防晒等信息，当然最重要的是这种氛围让人很向往。

我们再来分析一下不同颜色对于一个商品到底会产生什么样的联想和影响。

案例③ 变味的甜橙

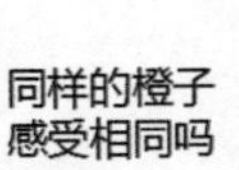

这是一瓶甜橙精油，给它赋予4个不同色彩的背景，我们会发现这4个颜色给予顾客的心理暗示是不一样的。我们会发现第一个图片给我们传递的是一个“酸”的橙子，而第二个图片是一个“甜”的橙子，第三个是“薄荷味”，或者“咸”的橙子，最后一个是“苦涩”、“坏掉”的橙子。

所以，不同的皮肤、不同的颜色、不同的元素，给予顾客的心理暗示都是不同的。这里不多描述，如果感兴趣的话，可以看看系列图书中关于设计感的那本书。

在首页上我们不能仅仅只做营销模块，还要通过适合品牌和商品内涵的皮肤设计，从视觉感官上丰满页面，让顾客从这些丰富元素中，受到氛围的感染，全面接收视觉感官的信息，让营销的效果翻倍。

下面这个营销性皮肤设计的案例，供大家赏析。

案例④ 暖的氛围

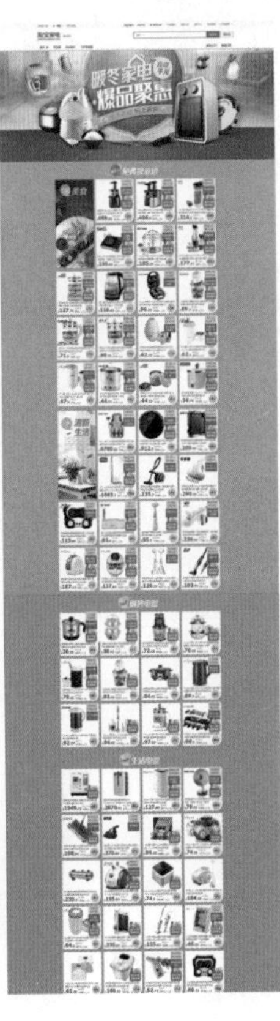

首页促销氛围的设计技巧

8.3.1 如何理解淘宝上的促销活动

促销是淘宝商家的一种常见活动行为，促销行为本身就如同线下的店铺一样，通过说服顾客，传递优惠信息，吸引顾客购买产品，通过这种行为来扩大销售量。而淘宝上的促销因为是通过网络形式，因此它传递信息的渠道变成了各种广告（如直通车、钻展、聚划算，以及其他平台上的活动），通过参加各种活动，购买各种广告的方式，告诉顾客店铺有优惠活动，吸引流量进入页面完成购买。这需要在短时间内聚集大量的流量，获得大量的订单。

我们做促销的目的一般有如下几个。

❶ 清仓：将即将过季的滞销的商品以低价抛售；

❷ 赚钱：一个商品赚 20 元，一个活动卖出 1 000 个，获得了收入；

❸ 引流：一个商品不赚钱但是有很多人通过这个商品进入店铺，引流到其他商品上去赚钱，这个商品就是引流款。

说到底，促销行为中最常见的就是：降价、打折、优惠券抵用、满就减、满就送、买 N 送 N。

在实体店里，一般会通过节日来做促销，在网店中，我们也可以通过节日来进行各种促销，如：情人节、劳动节、国庆节、教师节、儿童节、母亲节、父亲节、重阳节、中秋节、七夕节等。不光如此，淘宝在每年的 6 月还会有一次大的“年中促销”，在年底还有双 11 促销、双 12 促销。我们还可以再做一年一度的“店庆日”甚至“店庆月”。其实节日也就是为促销找一个合适的理由，而促销也就沾着光名正言顺起来。如果实在没有节日可以用了，淘宝上也有店主奇思妙想，想出“老板生日”今日八折，“老板娘高兴”今日买一送一，最后还可以做成一个系列，直到“老板娘跟人跑了”今日跳楼清仓。

有一种说法叫“得屌丝者得天下”，在网店的这个平台，只要你的理由合适，哪怕是“歪理”，如果能吸引到关注，就是一次成功的营销活动。

8.3.2 促销的氛围是什么？

很多人做促销时会冷冷清清的，没有一个热闹的氛围。我们仔细回想一下，线下店铺在做促销的时候，会营造出一个促销氛围来。而网页上，我们也需要通过设计来营造这样一种氛围。

那促销的氛围是什么呢？

❶ 热闹：要打造抢购的氛围，人头攒动的热闹场面。

案例① 促销的氛围

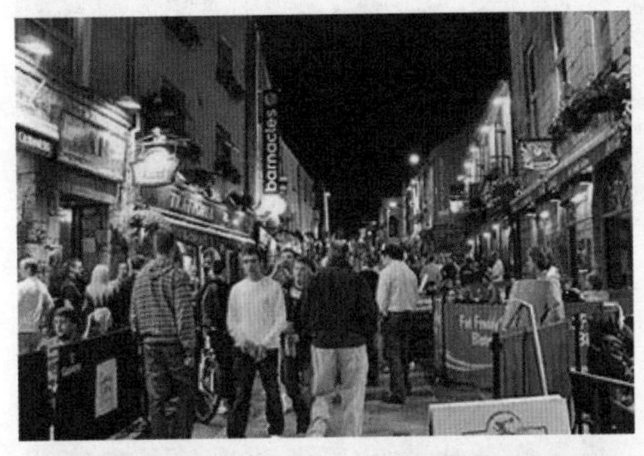

热闹
积极
刺激

冷清
冷静

图1和图2分别反映出两种不同的氛围，图1人头攒动，灯火通明，显得非常热闹，而图2则显得冷清、冷静。对比这两张图片，我们就可以发现，图2是不适合做促销图的，而图1则是有促销氛围的。

❷ 刺激：制造一种确实便宜不买就亏的感觉。

案例② 刺激的画面

❸ 低价：表现出商品的价格比较低，比平时低；我们也可以表达为一种廉价感。但是这不是绝对的廉价感，而是略微比平时高傲的感觉稍微变得有亲和力一些，通过色彩的搭配也可以实现这种效果。

左侧的图片就显得比较高端大牌，而右边的图片则给人比较低廉的感觉。虽然两者的绝对价值不一样，但是从图片上会传递给顾客这样的感觉。所以即使有“五折”、“包邮”这样的字眼，也显得比较高档。

8.3.3 促销色选择

通过上面案例的对比，我们发现，明快的、纯色调的，以及暖色调的颜色更适合用于促销图，可以制造热闹的氛围，非常符合促销图的设计要求。

案例③ 促销适用的颜色

我们会发现，图1并不太适合做促销图，而图2则满足促销图的氛围要求。两张图给人的感觉是完全不同的。

我们再来看同一个文案的不同颜色的效果图。

案例④ 5折清仓

显然，明快的纯色更适合用于促销图的设计，更能制造促销氛围和视觉冲击力。灰色的图高端大气上档次，但显得很冷静很孤傲，而加了底纹的促销图则显得过于精致，后两种都不符合促销的氛围。

案例⑤ VERO MODA 首焦

首焦图 2 是高端大牌的感觉，弱化了营销感，强调品牌感。而图 1 则更注重促销感，这两个图的对比就很明显。

因此，我们总结出来几条促销图的设计准则。

❶ 当作促销图时，要弱化过于精致、高高在上的品牌感。

❷ 注意促销氛围的打造，画面不要过于冷清。

❸ 创造画面的冲击力，制造刺激的感觉。

❹ 用明快的纯色作为主色调，暖色也很适合促销图的氛围。

因此，我们在需要做出营销感的区域，如“活动型的首焦”、“促销活动区”要遵循这样的做促销图的方式来做设计，而在常规的商品销售展示区，则不能继续使用促销图的设计方式。

疑惑：整个首页都做成促销感的，这样营销的效果是不是会更好？

在首页上做促销图设计时仍然需要考虑页面的平衡感，不能通篇都是强烈刺激的元素，一般我们仅仅在“大促”这种非常时期，才会将首页赋予更多的“促销活动”的功能，但是也要让顾客看得舒适有趣味性。因为顾客是通过屏幕去浏览页面的，过于刺激性的颜色长时间的轰炸必定会造成烦躁情绪，不利于顾客长时间停留，形成不良的体验。

并且我们也知道，将商品做得有低价感、廉价感必定会对商品本身的价值也带来影响，并且对品牌价值也会产生影响。因此，促销区一定不能贪多，也不能太过于急于求成。我们应该在顾客能接受的，更有趣味性的范围内，去做营销式的设计，这样顾客更能接受。

8.4 首页节日氛围设计案例

节日的时候应该如何做具有节日氛围的首页设计？我们要抓住节日的颜色和节日的元素，打造出“过节的感觉”，从而带动顾客的情绪兴奋点。以下案例供大家赏析。

案例① 圣诞节氛围

欢乐圣诞
Merry Christmas
圣诞美装推荐
仙美名媛
高端原创时装女装
欢乐圣诞 全场优惠券
¥20 COUPON 优惠券 订单满299元使用
¥50 COUPON 优惠券 订单满599元使用
¥100 COUPON 优惠券 订单满999元使用
¥200 COUPON 优惠券 订单满1599元使用
¥400 COUPON 优惠券 订单满2699元使用
全场单笔订单满 299 元包邮
毛呢大衣
羽绒服皮草
连衣裙两件套
毛衣针织衫
毛衣外套
风衣/小外套
半裙/下装
12.12最强爆款

案例② 情人节氛围

淘宝游戏
game.taobao.com
女神带你玩
脱单秘籍
大型3D聊天室
单身的世界
TOP
刀塔帝国
《刀塔帝国》形象代言人
全民女神 柳岩
女神带你
任性脱单
圣诞神器 超值特惠
泰奇互动官方旗舰店
白银礼包
黄金礼包
白金礼包
钻石礼包
立即查看
1 脱单秘籍
120陌陌币
1080陌陌币
陌陌

案例③ 结婚氛围

VNP
全网唯一官方旗舰店
THE ONLY ORIGINAL FLAGSHIP STORE
jia
只為下價給你
双11全城巨献3折起
低
邮
折
双11脱光代笔
头层牛皮/精工制作
鳄鱼纹头层牛皮包
¥987
立即抢购
奢
LUXURY
VNP
高贵血统·奢华鳄鱼纹
驻足鳄鱼世界
鳄鱼纹头层牛皮包短款
¥2014
客服中心
400-858-2885

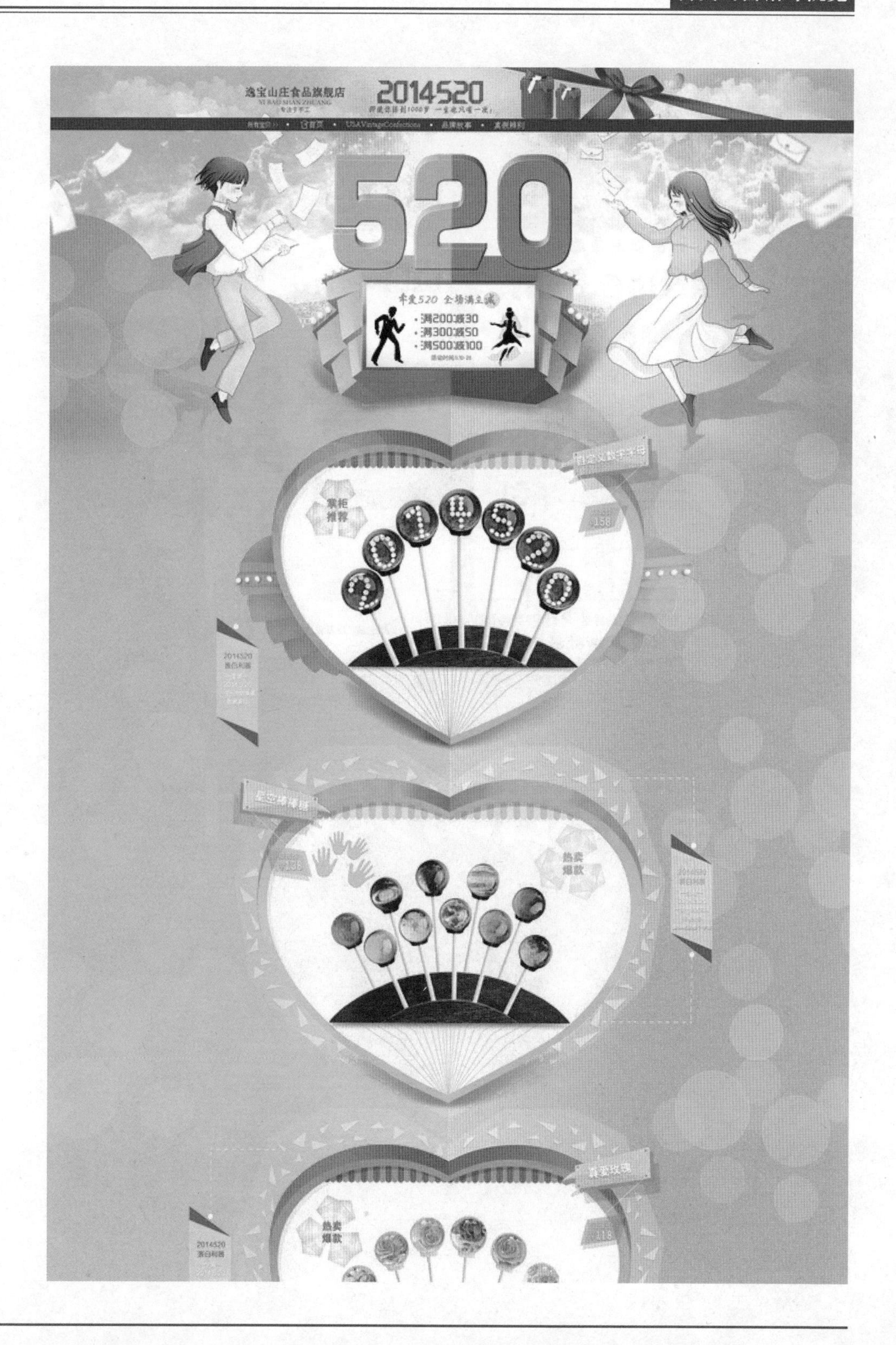
逸宝山庄食品旗舰店
2014520
首页
USA VintageConfections
品牌故事
520
牵爱520 全场满立减
•满200减30
•满300减50
•满500减100
自定义数字字母
掌柜推荐
2014520
158
星空棒棒糖
热卖爆款
138
真爱玫瑰
热卖爆款
118
2014520
告白利器

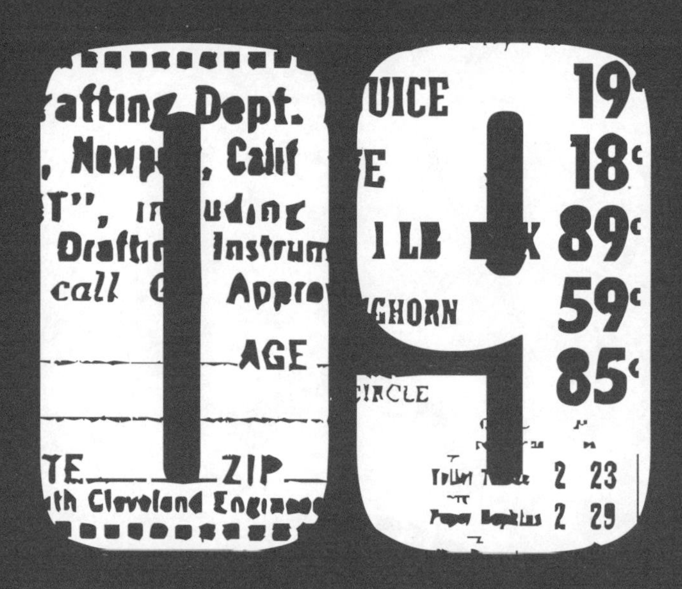

营销活动页设计

在店铺的二级页面中，活动页是需要经常设计，经常更新的。它是所有二级页中使用频率最高，设计频率最高，且最为重要的页面。它的任务就是承接各种流量入口进来的流量，将店铺活动展示给顾客，并让顾客从页面上进入到具体的商品详情页。

一个没有经过设计的活动页营销效果是会让人非常失望的。

案例① 未经过设计的活动页

默认按照新品上架时间排序

这是这家店铺的“新品抢购”二级页面，是一个活动营销页。但是我们在页面上没有看出“抢购”的感觉。这是直接使用了默认商品展示模板，并且让系统自动按照新品上架顺序来排列的。这样做仅仅只是把商品摆在了顾客面前，缺失了营销的成分，就好像根本没有做活动一样。

这样做有几个缺点。

❶ 商品都是平行排序，没有重点展示，没有推荐目标。

❷ 这里截图只有一屏，而实际上这个页面上的商品一共有 17 行，每行 4 个，一共是 68 个商品。如果全部看完的话，鼠标要往下滚 7 次半。实际上滚到第三下顾客就开始放弃了，更别提继续达到页尾了，流量很明显在持续衰减。

❸ 营销效果可以说几乎没有。

那么我们可以预见的是，如果这家店铺的“新品抢购”活动上钻展，付费拉流量入店，用这个页面承接流量，那么这些流量跳失率会很高，转化率很低。

如何让二级页面做得更有营销效果？从上面这个案例中说明，其重点就在于：

❶ 合理布局，将重点推荐商品放在重要位置推荐；将不同活动分区放好，给顾客明确的引导。

❷ 对于单品来说，有合理的展示，有吸引顾客点击的广告图。

❸ 交代清楚活动内容。

❹ 渲染活动氛围。

活动页布局和商品展示

1. 活动超级多、产品超级多的活动页布局

这种情况很像双 12 的大促分会场的情况，我们不妨看一看淘宝官方的活动页面是怎么设计的，由此分析出的格局可以借鉴运用在自己店铺中。

案例① 双 12 男装会场活动页

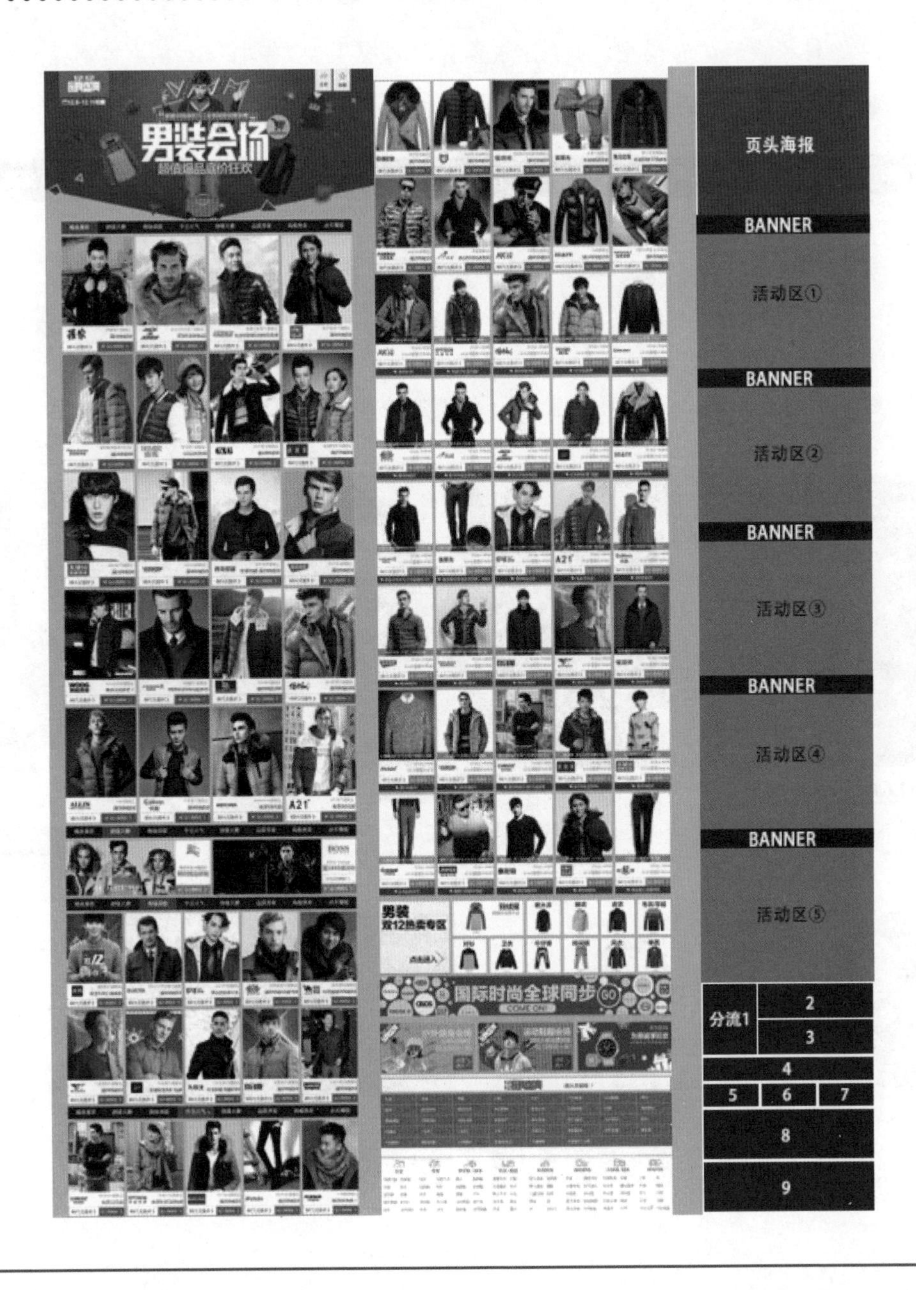

整个活动页面可以分为三个部分。

❶ 页头海报：渲染活动氛围，告之活动内容。

❷ 不同的几个活动区，用 Banner 条隔开，用来展示商品。

❸ 页尾：这里的页尾承担的主要功能是将到达页尾的流量再引导到其他的分会场，所以这里的分流 Banner 有 9 个之多。

在这种超级长的布局中，为了让顾客有耐心看下去，有几个地方是需要注意的。

❶ 活动预告型的 Banner 条一直穿插在活动区之间。

精选推荐　超级大牌　商场同款　冬日人气　热销大牌　品质男装　风格热卖　必买爆款

这样所起到的作用是，提前预告以下都有哪些内容，让顾客能够提前了解都有哪些活动商品类型，保持一些兴趣；分隔不同的活动区，方便顾客直接去跳跃查找。

❷ 虽然是如此之多的商品展示，也没有按照完全相同的商品陈列方式。

这样做是为了让页面稍微有一些变化，让顾客不至于感觉到特别单调。

❸ 页尾部分的 Banner 条的各种组合变化。

这样做的好处是让顾客在浏览到页尾的时候有一个新鲜点，有利于提升关注度。

❹ 页尾底部的分会场 Banner 和分类 Banner。

最大化页尾的引流功能，不浪费流量，这也是活动页页尾的一种营销型设计思路。

12.12品牌盛典　进入主会场 >

女装 >	男装 >	男鞋 >	女鞋 >	内衣 >	户外健身 >	运动鞋服 >	箱包 >
美妆 >	家纺家饰 >	居家百货 >	珠宝配饰 >	新品尖货 >	冬季热款 >	母婴 >	食品酒水 >
童装童鞋 >	孕婴用品 >	玩具文娱 >	零食特产 >	酒水茶饮 >	进口食品 >	洗护清洁 >	图书 >
电器城 >	大家电 >	小家电 >	手机 >	电脑办公 >	数码影音 >	医药保健 >	聚划算 >
车品配件 >	精品家具 >	大牌建材 >	家装实体店 >	天猫国际 >	阿里旅行·去啊 >		

女装		男装		男女鞋/运动		内衣/箱包		生活百货		数码家电		大家电/居家		家装汽车	
毛呢外套	羽绒服	毛衣	毛呢大衣	靴子	高帮鞋	保暖内衣	文胸	婴儿奶粉	纸尿裤	手机	智能手机	平板电视	冰箱	沙发	床
女裤	毛衣	羽绒服	衬衫	低帮鞋	休闲鞋	冬季睡衣	袜子	婴儿推车	童鞋	大屏手机	空气净化	洗衣机	烟灶套装	衣柜	餐桌
连衣裙	皮草	皮衣	棉服	男靴	户外	男士内衣	女包	儿童羽绒	玩具	扫地机	净水器	热水器	四件套	茶几	灯具
棉衣棉服	针织衫	休闲裤	牛仔裤	运动用品	自行车	拉杆箱	黄金	零食	酒	蓝牙耳机	自拍神器	羽绒冬被	棉拖	花洒	浴霸
皮衣	卫衣绒衫	夹克	卫衣	跑步鞋	休闲板鞋	手表	围巾	茶	洗发水	笔记本电	DIY电脑	保温杯	文学	行车记录	汽车座垫

2. 活动单一、商品很少的活动页布局

我们这里也看一个淘宝官方的活动页面，这个页面是“淘时节”2014年第一期的一个活动，烟台长岛海参节。整个页面展示了12款商品，但商品类型只有3种：海参、海米、海带，其中海米2款，海带1款，其他全部是海参产品。可以说这个活动中的商品类型也是非常具有代表性的。

案例② 长岛海参节活动页

这个案例和上面一个案例设计页面的思路就截然不同。第一个案例是尽可能多地把商品展示出来，而这个案例的页面就是将少而单一的商品尽可能做得更加丰富。而且因为是食品，因此对商品视觉上的要求也比较高。有几个地方我们可以学习借鉴。

❶ 在页头上做了快速导航，看上去像是分类的做法，其实是贯穿Banner条的内容，这些活动将整个页面分成不同的区域。这里因为商品少，顾客可以很快就看完整个页面，所以不需要每一个Banner上都放其他的活动，避免造成重复。

海参节
火爆热卖
野生金钩海米
更多优质选择
臻选礼盒
蚕口海产
海参做法
页头海报
快速导航
卖点 产地 活动时间
商品①
商品②
商品③
BANNER
4
5
6
BANNER
7
8
9
10
BANNER
11
12
产地广告图
产地广告图
BANNER
使用方法

❷ 将活动内容浓缩在页头海报上，将卖点提炼成几个点，让顾客产生兴趣，然后专心看产品。这样做的好处是，不需要浪费版面，直接滚动鼠标就可以马上看到实物图片。

❸ 用尽可能大而直观的图片突出商品，这是由商品本身的特点决定的。食品类目的商品，必须要看起来色香味俱全，才会勾起顾客的购买欲望。

长岛三级淡干底播野生海参（5年）50g
100%无污染 口感筋道鲜美性价比首选
特供价: ¥278.00
原价：¥699
已有30购买
马上抢购

长岛一级淡干底播野生海参（5年以上）50g
参龄6-7年1斤泡发12斤 增大5.5倍
特供价: ¥379.00
原价：¥888
已有33购买
马上抢购

长岛纯野生海参50g
【仙参】肉质肥厚 国宴食材 奥运指定
特供价: ¥499.00
原价：¥1200
已有6购买

大钦岛野生海米500g
尝鲜试吃 顶级品质
特供价: ¥73.9.00
原价：¥240
已有16购买

大钦岛出口特级野生海带
顶级海带 70%出口 限量特供
特供价: ¥39.00
原价：¥99
已有74购买

不同版式的变化，图片都足够“大”

❹ 展示完商品之后，还不算完。页尾部分再回到产地广告图、捕捞实况图，给顾客新鲜感和刺激感。最后页尾部分是海参小米粥的做法，再一次引起顾客的向往和关注。

因为海参的价格比较高，整个页面的布局这样安排，让人感觉很精致很享受，而产生想买的欲望，达到营销的目的。

3. 单一品牌的活动页布局

单一品牌的活动页布局，我们可以参照聚划算品牌团的单品牌活动页面。

案例③ 聚划算品牌团页面布局

❶ 在这个页面中，把商品分成了几个不同区并用Banner条做出分隔，这些分隔Banner将商品分成明确的不同区域。

热销爆款推荐
热销套件区
磨毛暖芯区
套件聚惠区
婚庆儿童区
枕上好眠
凑单家居区
超值优惠区
更多心动品牌
品牌团首页

热销爆款推荐
热销套件区
磨毛暖芯区
套件聚惠区
婚庆儿童区
枕上好眠
凑单家居区
超值优惠区
更多心动品牌

❷ 沿用了一般店铺首页中经常用到的优惠券的展示方式，在品牌海报上也有店内活动信息。

❸ 在主推商品展示区（一般是放在最上方活动区内的，案例中是爆款区）使用了左右布局的商品展示形式。其他区域使用了一排三个商品的横排展示，页尾用了一排两个的展示方式。

这个聚划算页面上对于活动的渲染是比较少的，设计也较为简单。因为聚划算本身的知名度已经比较高，再加上聚划算主页面上对于团购、抢购、低价的宣传已经很多了，顾客也比较认可这个平台了，因此这里就无须再多做渲染，否则就显得比较多余了。

4. 其他类型活动页

有的活动页商品很少甚至不放商品，专门用来告诉顾客一些促销活动的内容。这种页面一般用在促销之前，起到公告的作用。

案例④ 活动攻略二级页

这个页面的主题是告诉顾客在双12怎么抢购会更省钱。事实上它所起到的作用是对店铺双12的活动做一个预告，同时告诉顾客活动内容是什么，抢购会得到什么，应该怎么玩会得到更多的奖励，如免单、送安全座椅等。顾客在看的时候会被这些好处所吸引，就会提前加入购物车，充值，到双12的固定时间点就会等着来付款拿免单了。这样更容易在双12当天冲击营业额。

这个页面和上面所有的页面布局都有所不同。它主要是把活动内容说清楚，因此，不需要对商品卖点做更多介绍，只要条理

清晰、图文并茂就可以了。

此类型的店铺可以有多种布局、多种表现方式，基本无限制。

以上几个案例已经充分说明了活动页布局结构的问题，总结如下。

❶ 明确活动区域，将不同活动区的商品分开，用明显的Banner条区隔，这样有利于顾客选择商品，在不同区之间跳转，也可以将快速导航做在页头处，引起顾客的关注和持续浏览。

❷ 计算商品的数量，选择合理的方式进行展示，如果商品需要大图来显示尽量用大图，这样可以让商品图片本身更具有营销力。

❸ 在不同区域变换不同的商品组合排列方式，不断给予顾客新鲜的感官刺激，避免视觉疲劳，让顾客更有兴趣往下看。

❹ 折扣信息尽可能在第一屏或第二屏内，用简单有效的方式展示。

❺ 页尾可以设计跳转，引流到店内其他页面上，避免流量的跳失造成浪费。

❻ 除大促期间的营销需要之外，尽可能地不要有太多商品，页面不要太长，避免使用过于拥挤的小图片，图片大小尽量不要妨碍顾客看商品主体。

9.2 怎么把活动介绍清楚

这个话题是针对把活动内容做成纯文字版的情况的。前面首页的活动部分，其实已经介绍了一些方式，在活动页上也是完全通用的。

在这里再介绍一下制作活动介绍页的思路。

❶ 文案：要有一个初步的文案。可用纯文字表达，一大堆文字也没有关系，把你要说的都写出来。例如我想在双11到双12期间做一个连续的促销活动，双11大促结束之后，顾客晒单写好评返大额优惠券（双12用），发微信、微博等再返现3元；双11之后到双12期间下单送围巾，双12当天不送围巾但价格优惠可以用双12的优惠券，并且每1个小时第1个

付款的可以免单，每个小时金额最高的可以送一份限量大礼。这就是一个按时间排序的文案初稿了。

❷ 提炼：可以按时间划分为双 11、双 11- 双 12、双 12 三个时间点。

按顾客要做的配合：晒单写好评，发微博、微信，领优惠券加购物车。

按得到的好处：得优惠券，得返现，得额外赠品，得免单机会。

❸ 制作流程：就是告之顾客如何去做，一般这里我们用图文并茂的方式表达。表达方式我们可以参照下面这个案例。

案例① 双 11 预售活动流程

这是一个预付的活动流程，这里用简单的流程图来告知顾客，从第一步到第四步，相应的时间点，要做的事情，清晰明了。顾客一看便懂了，并且给了顾客很简单不复杂的感觉，打消了顾客觉得预售不方便，付款没有保障的顾虑，活动效果就会比较好。

24 每日一疯 连续五天 全民疯抢接力

12.01 全民开奖 全民包下大乐透所有后区球组合，人人必中 已经结束

12.02 全民开窖 全民承包中国最古老酒窖 6吨60年窖龄古井贡酒 已经结束

12.03 全民摘果 全民承包正宗的阿克苏，冰糖心苹果农场 已经结束

12.04 全民拔毛 全民承包黑龙江“黄金羽绒带”鹅绒基地 已经结束

今天 全民洗刷刷 全民承包50000件专业的洗衣服务 立即疯抢

这是一个按照时间排序的连续五天的活动预告。每天是一个不同的活动内容，从12月1日到12月5日，这是为了吸引顾客对后续活动的关注而在做预热，就是让顾客提前知道活动内容并来参加，这样容易产生聚集效应，经过几天的聚集之后，到了活动当天，营销效果就会比不预热的效果要好得多。

案例② 文字堆砌的活动页

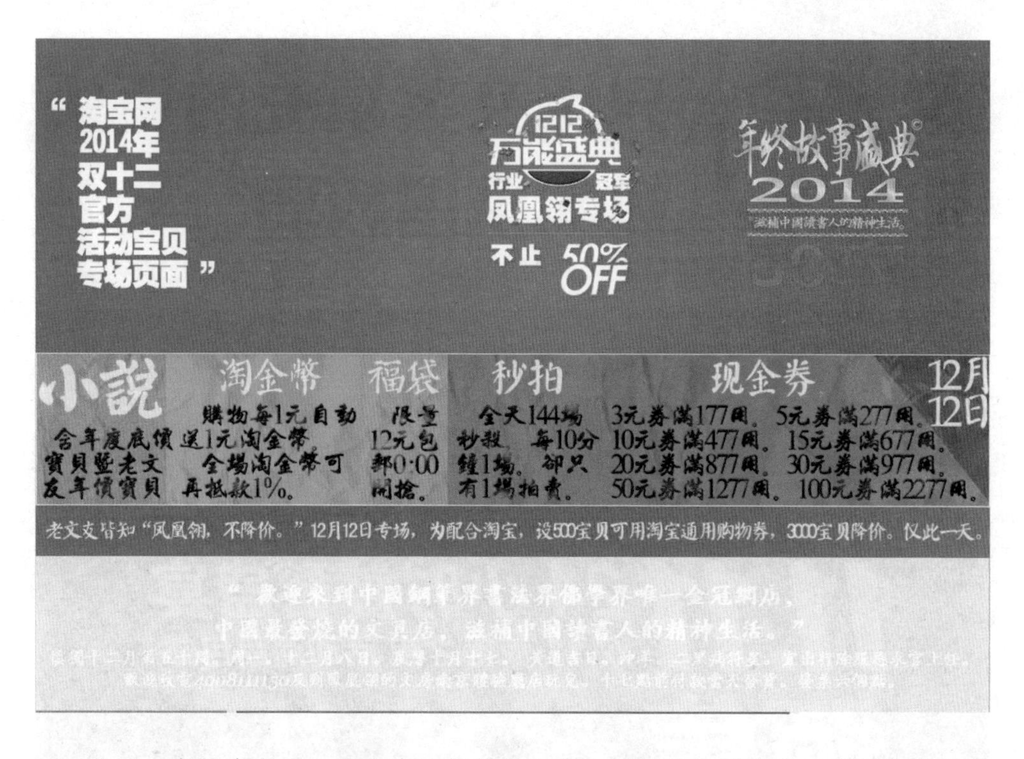

这几个案例在表达上的优劣一眼就能看出。同样是促销信息，不同的设计带来不同的视觉效果，视觉效果更好的，也能得到更好的销售效果。因此，要注意文案的表达，用顾客能够看懂和喜欢看的形式来设计。

9.3 活动氛围的渲染

有人说，我把促销活动都做了优惠券，满满当当作了一页，但是效果仍然不太好。这是因为每家店铺都在做一样的事，今天东家打折，明天西家跳楼，后天超市清仓，大家都在用“番茄炒蛋”红黄配来做，顾客一直看这样的信息，都已经麻木了。殊不知红黄配已经过时了，现在聚划算都不做红黄配了，官方页面上也不轻易做红黄配了。

案例① 只用文案填充的页头热卖氛围较弱

怎么让顾客更快地喜欢上我们的活动？怎么让顾客有兴趣？怎么让顾客看更多东西？这才是我们要考虑的事情。

每个活动页面都有页头部分，页头部分就是一个很好的渲染活动氛围的地方，第一屏就抓住顾客的眼球。

案例② 表现“多”，“大牌”的热卖氛围

这个页头是如何去表现“大牌正品”的呢？它在右边的商品部分，用了很多非常知名大牌的明星口碑产品做素材，例如说SK-2、倩碧黄油、许愿精灵香水等，渲染大牌云集的感觉，配合左边的文字达到渲染氛围的效果。

案例③ 表现“快”“秒”“抢”的急促氛围

这个页头通过对“闪购”这个关键词的诠释来达到效果，有许多品牌快速飞过，赶紧抓住不然就飞跑了。突出“快”、“秒”、“抢”的急促感。

案例④ 通过奇妙感吸引顾客的注意力

在顾客的认知中，家具都是笨重的难以搬动的东西，而这个页面上漂浮的沙发、椅子、灯具等，打破了这种认知，因为这个文案主要是要渲染“免费送货安装”的快速便捷，所以通过这种奇妙的感觉来达到“选购家具也很轻松”的感受。

页头做得精彩，对活动文案诠释深刻，让顾客不用仔细看文案就能“体验”到活动精髓，妙趣横生，营销自然做得成功！

这里再看一些完整的活动页设计，这些完整页面除了页头部分之外，所用的元素和皮肤也都是在诠释活动场景和氛围，我们可以从中学到很多做精彩营销的方法。

案例⑤ 淘时节—— 山核桃第一杆

淘时节
2014第03期
联合巨献
临安市政府
杭州市政府
2014
临安
山核桃
第一仟
全场3折起包邮
吃山核桃赢大明山景区、温泉票
新货尝新
东升颂越
昱岭关
汪记
山核子
更多炒货
返回顶部↑
新货尝新
临安原产地直供
临安政府推荐质量保证
全场包邮安心送达
【手剥山核桃罐装456g】
原价：108元
活动价：¥56
立即抢购
东升颂越
山核桃最佳产地岛石
【山核桃仁300g】
原价：218元
活动价：¥78
立即抢购
【特好剥山核桃296g】
原价：98元
活动价：¥45
立即抢购
昱岭关
【土制山核桃（黑珍珠）336g】
原价：98元
活动价：¥48
立即抢购
【原籽山核桃380g】
原价：106元
活动价：¥48
立即抢购
汪记
品牌传递价值
原籽山核桃

案例⑥ 美即面膜——闺蜜奇缘

案例⑦ 淘时节——内蒙古羊绒节

案例  星空棒棒糖 520 情人节

案例 9 淘时节——中国开渔节

案例⑩ VNP—双 11 页面

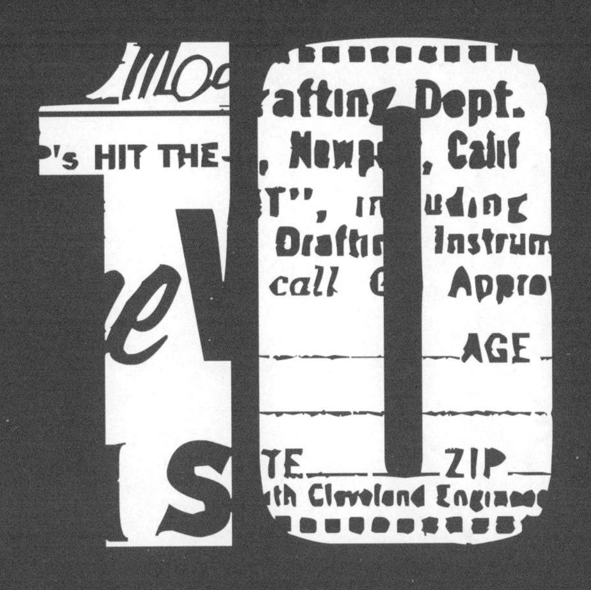
afting Dept.
P's HIT THE
Calif
Drafti
Instrum
call
Appro
AGE
ZIP
Cleveland

详情页的营销思路

详情页是所有营销的落地点。

顾客在通过搜索入店时，先进入的是详情页；所有页面上有且仅有详情页承担着下单购买的职责；顾客在购买前，要对详情页仔细看，反复看，甚至对比看，才决定是否咨询旺旺，是否最终下单。如果详情页不能满足顾客的需求，不能解决顾客的问题，那么前面所有的功夫做得再好，都功亏一篑。

所以，无论是什么样的店铺，都要对详情页进行重点设计。

10.1 详情页的营销功能

首先我们需要了解顾客的购买行为，当顾客点击进入详情页时，有以下几种情况。

第一种：看到了广告或链接，点进来看看。

这种顾客的随意性比较大，但是既然点击进来代表还是有一定的潜在需求的，只要引起了顾客的兴趣，击中了痛点，就会把这种潜在需求变成购买需求。

第二种：纯粹是看热闹，点进来看看。

这种流量是比较不会产生效益的，多半是因为图片做得很奇葩，或者很另类，或者图片太漂亮了，让看了也不会买的人引起了点进来看看这是什么东西的兴趣，看完了也就走了。

这种图片一开始还是挺有意思的，因为大家都没看过，所以都点进去看看，而且有一段时间还被传播出去。但是顾客的这种猎奇心理并没有对销售造成直接的增长，反而会稀释转化率，并且随着这种哗众取宠的行为越来越流行，顾客也就见怪不怪了。

第三种：通过搜索比对之后点击进来，这种顾客对商品是有需求的，或者感兴趣的，也是我们需要特别注意的，因为这种顾客比第一种要更好达成交易。

所以我们的详情页内容，一般是为第三种既有需求又有兴趣的顾客而设计的。附带的对第一种顾客造成一些需求刺激，让他们的潜在需求变成购物需求，通常冲动消费型的顾客会比较容易快速转化为购物需求，而理智成熟型的顾客则需要比较长时间的考虑和比对才能做决定。

10.2 详情页是一个销售员

详情页最基本的功能，就像一页详细的产品说明书，顾客可以通过浏览页面了解商品信息、属性、功能、外观、品质保障等重要信息，不仅是顾客下单前必须要了解的参考信息，也是顾客因此而判断店铺是否有良好服务的体验。因此，在详情页中，信息必须齐备。

1. 商品展示类：色彩、细节、优点、卖点、包装、搭配、效果

案例① 服装类商品的商品属性展示

服装的平铺图 / 挂拍图

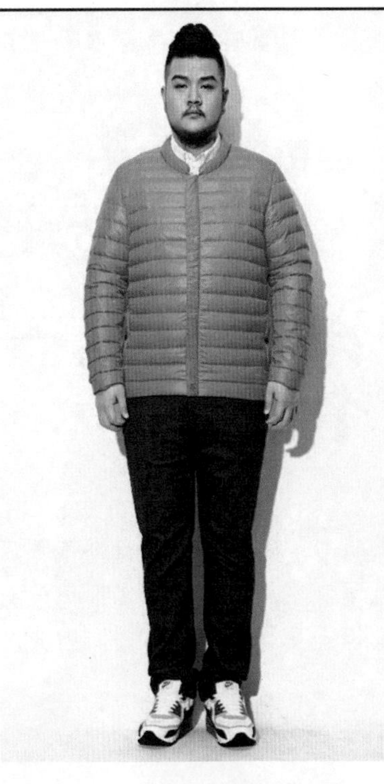

款号	X6085
吊牌价	1839元
可选尺码	2XL~6XL
可选颜色	橙色
面料特性	蓬松保暖
面料成分	100%锦纶
里料成分	100%锦纶
胆布成分	100%聚酯纤维
填充成分	90%白鸭绒

设计解析　设计此款式的时候想用一个活力的颜色，让胖胖们在这个冬天都是深色系列中更为吸引眼球。

弹力指数
无弹　微弹　弹力　超弹

厚薄指数
薄　稍薄　适中　厚

柔软指数
超柔　柔软　适中　偏硬

商品属性是页面中首要展示的部分，包含面料成分、里料辅料成分、厚薄、柔软、弹力等重要信息，再加上衣服的整体效果，帮助顾客综合判断衣服是否符合自己的需求。

尺码信息：（单位cm/kg）

尺码	肩宽	胸围	衣长	袖长	袖口
2XL	50	124	75	68	28
3XL	52	130	77	69	29
4XL	54	136	79	70	30
5XL	56	142	81	71	31
6XL	58	148	83	72	32

试穿尺码	模特	身高	体重	肩宽	肚围/胸围	腰围/臀围	试穿感受
2XL/38	胖嘟	175	95	48	116/110	96/124	面料有点光亮的感觉，很有质感
5XL/42	王立	175	130	50	126/128	123/127	外套的 话可以我想多穿点，就拿大一个码数。
3XL/40	小智	175	120	48	129/128	118/119	外套做工很好，穿起来不会很臃肿，很有品质感。

详细的尺码表，是服装类目所必需的信息，特别是特殊尺码（大码或特小码），这对于顾客判断衣服是否适合自己，减少不必要的退换货有重要的作用。如果能够加上试穿建议和试穿人的身高体重等身材数据，更能帮助顾客综合判断衣服是否合适。

衣服的上身效果（模特图包括正面、侧面、背面），有助于顾客直观地了解衣服穿在身上的效果。

模特展示效果及搭配关联销售，如果顾客喜欢这一套整体的感觉又刚好在右边提供了模特全套的服装链接，那么就有关联销售的效果，可以提升客单价和销售额。

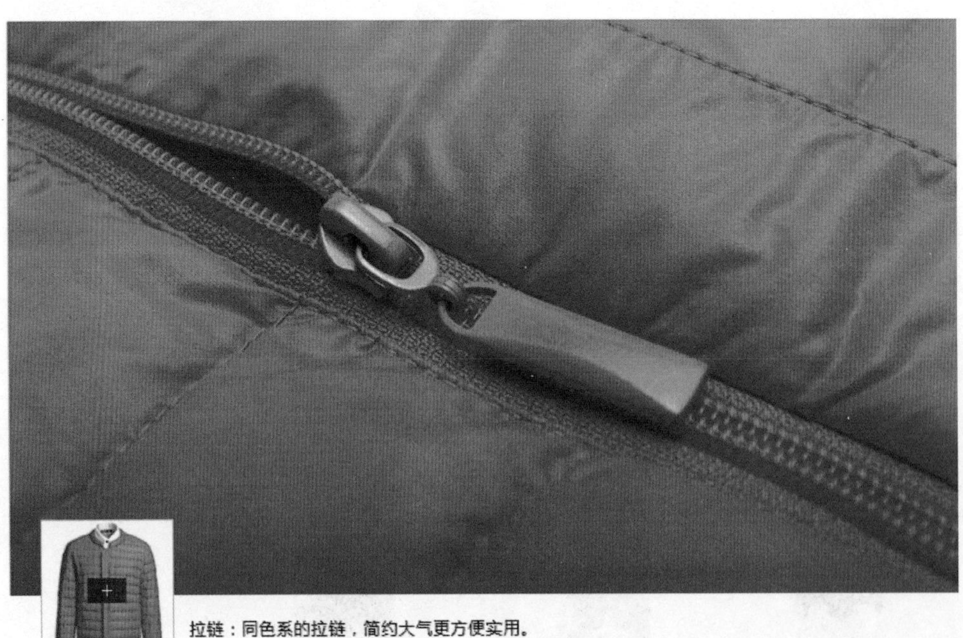

拉链：同色系的拉链，简约大气更方便实用。

细节图帮助顾客近距离地观察衣服的面料质感，做工走线的精细度，五金件的精致程度，细节往往能判断一件衣服是否来自大厂。

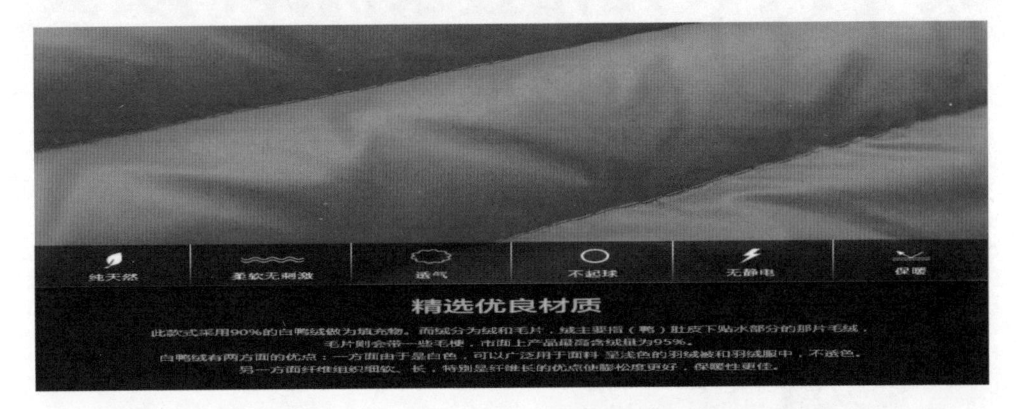

面料、材质、做工方面的优点，版型上的优点，都是商品本身的优点。

BIGPLUS专用产品包装盒

商品的内包装及外包装，也是顾客会考虑的一个部分。

2. 实力展示类：品牌、荣誉、资质、销量、生产、仓储

案例② 九阳豆浆机详情页实力展示

九阳豆浆机在详情页的上部就对品牌和荣誉做了一个大型的海报，凸显其销量、品牌名气，在同行业领先的位置。

超大仓储 Large Warehouse Joyoung九阳

九阳股份有限公司成立于1994年，2008年5月28日在深圳证券交易所成功上市。是一家专注于健康饮食电器的研发、生产和销售的现代化企业。
技术创新
Technology Innovation
九阳研究院
17年11次技术革新
专利技术近千项
其中发明专利32项
国家豆浆营养合作实验室
标准领跑
Standard lead
截止目前为止，九阳累计主导和参与豆浆机、料理机、电磁炉、电压力锅、电水壶产品的安全、性能、噪声和环保等48项标准
终端制胜
Winning the terminal
九阳拥有销售终端3万多个
2011年4月，九阳成立电子商务中心
2011年，九阳海外经营业绩稳健增长，渠道不断拓展，产品远销二十多个国家和地区
九阳拥有售后服务网点2000多家

仓储、实力展示一般在详情页的页尾部分。如果是经营同一个品牌的店铺，下半部分的详情页内容几乎是一样的。

3. 吸引购买类：卖点打动、情感打动、卖家评价、热销盛况

卖点打动这一点特别重要。往往经营者和消费者对于商品卖点的关注点不同，如果不匹配的话，那么这个卖点挖掘就让顾客看着如同隔靴搔痒，没有一拳击中要害。我们以九阳豆浆机页面为例来看一下它是怎么做的。

案例③ 九阳豆浆机详情页吸引购买点

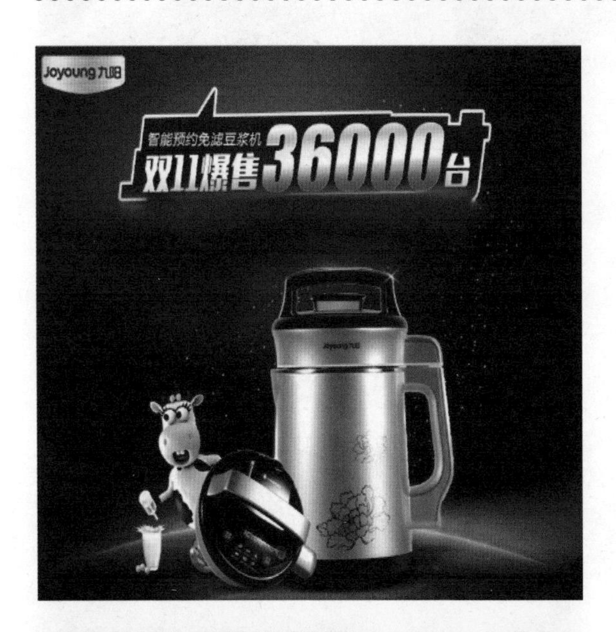

双 11 销量的火热盛况，坚定双 12 购买顾客的信心，既然这么多人选择，当然说明商品确实很好，激发顾客的跟风心理。这一模块在详情页上方卖点的上面，先让顾客对销量这么多的商品产生兴趣，一探究竟。

热销盛况之后好评如潮，卖家评价截图继续坚定顾客信心，这两个部分联合使用打造了强大的吸引力。

这张图看上去是一个对比图，但实际上是这款豆浆机的主要卖点。仔细看一下，这款豆浆机与其他豆浆机与众不同的特殊功能就是“免滤”，因为研磨得更细，所以不需要过滤。这样给顾客带来的好处是营养不浪费，豆浆也更加细腻好喝。而其他的卖点，如机身不锈钢、机芯智能升级等，都属于次要卖点，只有这个主要卖点给顾客带来的好处是显而易见的。因此，这一块是放在所有卖点的最上面的，但是这个模块的内容，仍然需要再优化，让给顾客带来的好处更明显一些。目前这个页面做得还不够明显，有的顾客在看的时候，还是很容易跳过去。

4，交易说明类：购买、付款、收货、验货、退换货、保修

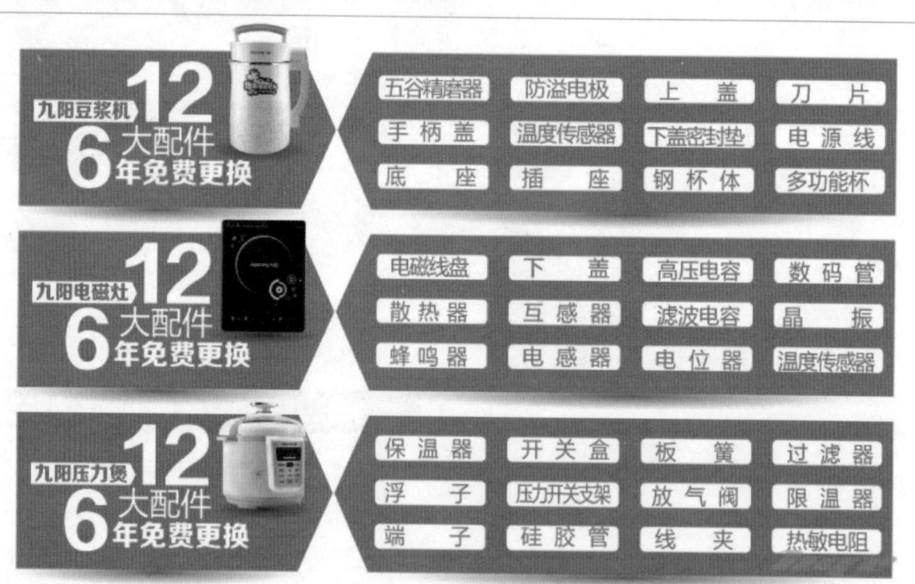

对于有些商品如电器、大件商品来说，顾客还是非常看重商品连带的质保服务及退换货问题的。淘宝上的店铺一般都纳入了消费者保障，有的提供七天无理由退换货。这两种服务目前已经被顾客广泛接受，因此大多数顾客对于这部分都

是以淘宝网官方规定的服务标准来作为店铺的服务准则的，这里所提供的另外的退换货等服务，都要符合淘宝官方的规定。如果有其他特殊的服务，可以在这里做解释说明，也是顾客参考的标准之一。

另外建议，如果有特别好的服务，如淘宝官方规定七天无理由退换货，店铺主动延长到 14 天无理由退换货，这种超出期望值的服务就可以作为服务特色，将卖点放做到靠上醒目的位置，这样可以让顾客在对比的时候记住店铺的服务优势，更容易选择服务好的店铺。

5, 促销说明类: 热销商品、搭配商品、促销活动、优惠方式

案例④ BIG PLUS 内页中的促销说明类

这是我们经常见到的内页关联促销。通过这个促销模块，在一个内页中展示多件热销商品，将流量引导到其他页面上去，让顾客看更多的页面，在更多页面中跳转。

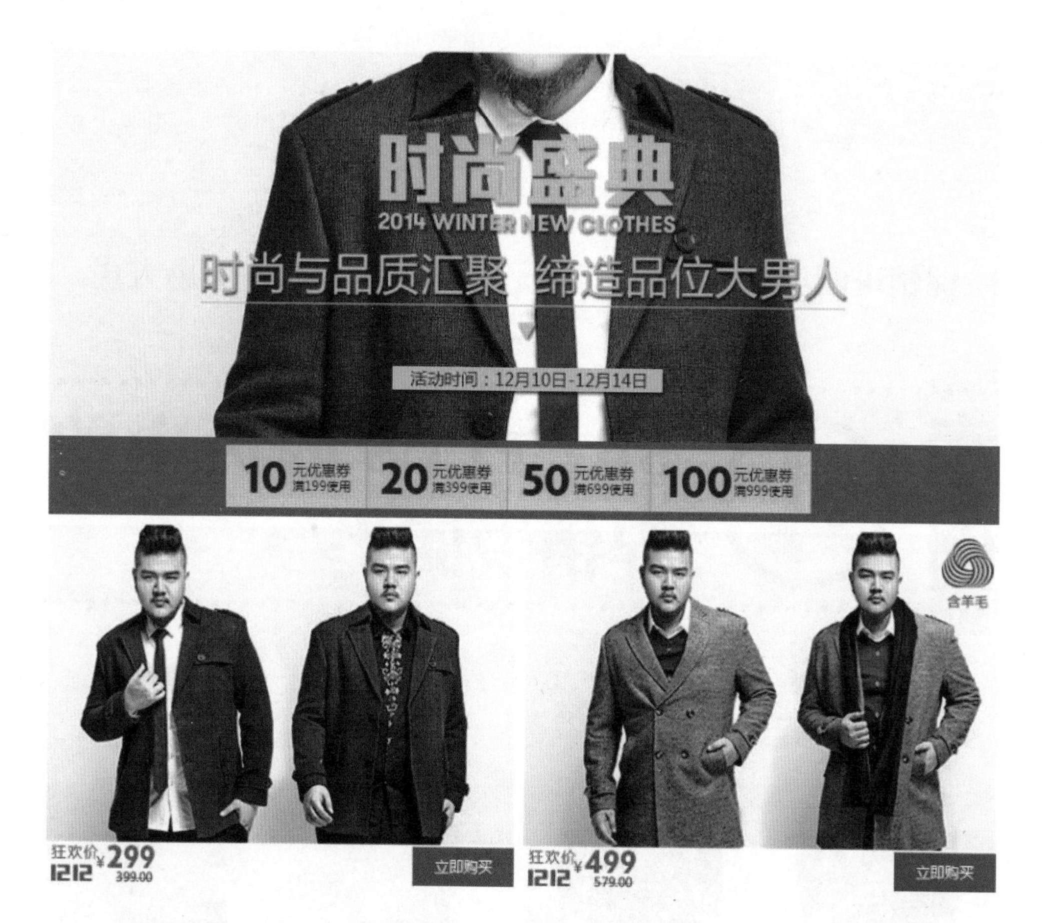

这是内页上方的促销活动，让进店的顾客了解店铺中还有什么活动是很重要的，这样可以吸引顾客点击进入首页，也可以促成顾客购买更多商品，提升客单价和销售额。

将以上内容分解成模块，大概可以分成以下这些。

❶ 品牌第一形象概括设计

绝大部分买家进店伊始，看到的不是首页而是内页，故而内页需要对品牌和店铺做一定的概括性介绍，丰满买家的第一印象。

❷ 主题活动氛围图

和首页首焦配套的活动氛围，旨在促成成交的同时引流至首页（应对大量流量涌入，首页准备更充分，内页具体负责转化单品）。

❸ 产品系列卖点图图组

根据所属系列的共同特征和卖点，制作系列广告图。

❹ 产品系列分类导航

提供产品系列分类和其他系列链接导航。

❺ 产品信息整合图

整合产品信息以优化阅读和缩短页面长度为目的设计。

❻ 产品展示

对模特图、平铺图、细节图、包装图进行合理布局安排设计。

❼ 关联销售

水到渠成地推荐关联产品，以期提高客单价。

❽ 比价购物

和欧美网站同类商品比价。

❾ 质量检测模块

展示所获的关于材质方面的第三方机构认证书。

❿ 设计细节亮点展示

通过对设计细节亮点的挖掘，提升预估商品价值。

⓫ 原材料展示

通过对原料背景亮点的挖掘，提升预估商品价值。

⓬ 适应人群模块

通过对适应人群选择相关信息进行阅读上的优化处理。

⓭ 使用建议

各种使用方式的汇总。

⓮ 品牌实力

品牌相关介绍，旨在展示品牌实力。

⓯ 品牌服务承诺

品牌店铺服务相关展示。

⓰ 购物须知

购物相关详细信息。

⓱ 重点购物须知提前

提高转化效率的一些信息扼要。如将一些客户经常询问的或是优质服务等列出，可以打消顾客疑虑，提高转化率。

⓲ 找到我们

如何再次回到店铺的方法展示。

这里分解出的功能模块，都是内页经常用到的，也许还有更多，这里不一一列举了。这些模块不一定全部都要用上，针对不同的商品可以有选择性地挑选不同的模块来使用。对于不同卖点的商品，强调的模块自然也是不一样的。这是一个灵活使用的机制，就像搭积木一样，是根据产品特性和营销方向来决定的。

10.3 营销型详情页模块排序思路

既然是像搭积木一样去排列这些模块，会不会有规则可以遵循呢？这里我们只分析营销型详情页模块在排序时的规则。

首先我们来分析一下消费者的购物心理和购物行为是怎样的。

案例⑤ 女装购物者的购物心理

消费者的购物行为是一个逐渐递进的过程。例如顾客在广告中看到一款衣服的图片，可能是颜色，或者款式，或者模特很漂亮吸引了她，点击图片进到内页。在线下实体店中，顾客也可能是因为看了一眼觉得还不错，走入店铺中。那么顾客先看到的必然是这款衣服的整体效果（1 整体图及模特图）。接下来顾客会走近一些，仔细看看衣服的版型、细节、做工，摸一摸面料（2 细节图）。如果觉得都不错，可能会想要试穿一下看是否合身（看尺码），这时候可能会询问营业员这款衣服的面料和里料（商品属性），以及再问一下这件衣服的价格或者折扣（促销活动），或者这件衣服会不会很难保养（洗涤、注意事项、保养、售后）。因此，我们可以发现，女装类的内页基本是按照这些模块来进行排序的。

虽然都是女装，也会有不同的内页排序方法，这是由商品性质和营销策略来决定的。例如价格昂贵的女装，因为价位高，品牌影响力大，款式经典，一般以品牌影响力为主要展示点，以商品卓越的面料材质和优良的做工为强调的模块，因为这部分顾客的消费能力强，在意的是买到的衣服品质是否有档次。

而价格便宜的女装，则主要强调模特图，上身效果好看，加上价格低，销量就会很好，而质量一般，所以也不做太多的强调，毕竟价格就摆在那里。

因此，同一个女装类目，不同的商品性质，模块的排序也是不一样的。这些都是按照顾客的购物心理和商品特性，以及营销策略来决定的。

我们再举个例子，这次我要去买一个电烤箱。到了超市，找到了电烤箱的货架（搜索浏览主图），一排看过去之后，目光停留在一个我觉得外观比较喜欢的电烤箱上，这时我已经看到了它的基本外观（整体主图）和它的标牌上的价格（页面上的价格）。然后我走近一点，去看它的功能面板（了解它的功能属性），用手去摸一下它的表面（外观材质），然后打开电烤箱，看一看它的内部和它的细节（细节）。这时导购走过来，为我介绍这个电烤箱的特殊之处（卖点），并演示给我看，用手指点各个细节告诉我和其他的电烤箱的不同之处（竞品PK）。导购看到我已经在频频点头觉得这个电烤箱确实不错了，开始告诉我说，这个电烤箱有多么多么受欢迎，卖了多少（热销盛况），顾客的反馈都很好（口碑），她自己家里也买了一个用得很不错（买家秀）。最后说，今天买的话很优惠，刚好有一个活动，明天就截止了（紧迫促销）。我听到这里说，开票吧（成交）。

这是一个有刚需的顾客的一般购物行为，那么如果是一个潜在顾客，这个过程又会不一样。

潜在顾客一般会这样被吸引：超市里挂了一个牌子上面写着“促销价XXX”，超市里有一个展台或桌子，上面摆着一款电烤箱，导购员正在用烤箱做食物，香气四溢，烤出的食物色香味俱全，让人心动不已。这时候一对年轻夫妻刚好走过来，视线被这里的食物所吸引，导购员一边介绍一边请他们试吃，味道不错，但是我们今天不是来买烤箱的，于是夫妻两人手拉着手继续往前走，一边走一边想着什么事情，然后妻子说，要不然我们也买个烤箱吧，你喜欢吃这种面包，我以后可以给你做早餐吃。丈夫也许答应了也许说下次再来买吧。但是因为试吃过了，这个行为很深刻地留在了妻子的印象中，几天之后，妻子决定上淘宝买一个烤箱。

我们会发现，线上购物和线下的行为基本相同，只是从线下换到了页面上。顾客在几分钟内要发现大量的信息，这是一个没有导购员的页面，还是一个导购做得非常到位的页面，就是普通页面和营销型页面的区别了。

因为每个类目的不同商品都需要为商品本身量身打造不同的个性化模块和模块排序，因此在这里，只给出一个最基本的通用型模块顺序，其他模块需要再根据详细的商品营销策略往里逐渐添加。

通用型内页基础框架部分的顺序一般是这样的。

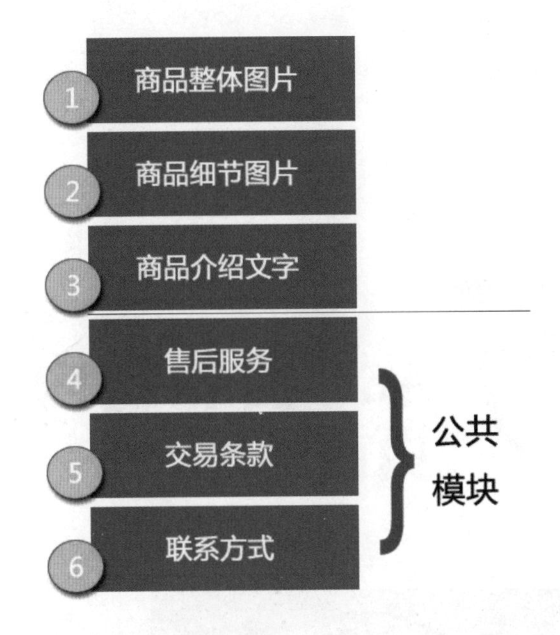

1、2、3部分是个性化模块，每个商品的个性化模块内容都是不同的；4、5、6部分是公共模块，一个店铺里的售后服务、交易条款、联系方式基本相同。扩展开还有品牌介绍、仓储服务等也都是公共模块的内容。

10.4 怎样把页面做得更有营销感

刚刚提到的，一个有刚需的顾客和一个潜在顾客所关注的点是不一样的，但是判断一个页面的优劣，可以在数据上看出转化率的高低，也可以通过几个感性的指标来判断，其中一个指标就是，这个页面是否能够给顾客留下深刻的印象。

请参照上一小结中所举的买电烤箱的例子，刚需顾客所需要的关注点，以及潜在顾客所需要的关注点，结合起来之后，如果能够给顾客留下非常深刻的印象，这个页面就是一个非常成功的页面。

我们下面就来看一个真正的营销型页面是怎么做的。

营销型的内页就要在通用型的基础上增加一些营销内容，例如，第一屏我们可以用“品牌第一形象概括设计”，在商品整体图片上增加一些广告词和卖点，来代替普通的商品整体图。

【注：ACA 所有案例版权均由“一莎设计”友情提供】

这是顾客进入内页之后看到的首屏图，对于不知道ACA品牌的顾客来说，这张图直接告诉了顾客，ACA的品牌影响力，就如同九阳对于豆浆机行业，格兰仕对于微波炉行业一样，是面包机行业里的“战斗机”。用一个类比的手法来凸显ACA的品牌力。并且在这张图上还有商品的整体图，这样它比普通的整体图变得具有营销效果了。

商品细节图的展示我们也可以和卖点挖掘做在一起，将产品的优点特性用图文并茂的方式做出来。

案例① ACA面包机内页细节+卖点展示

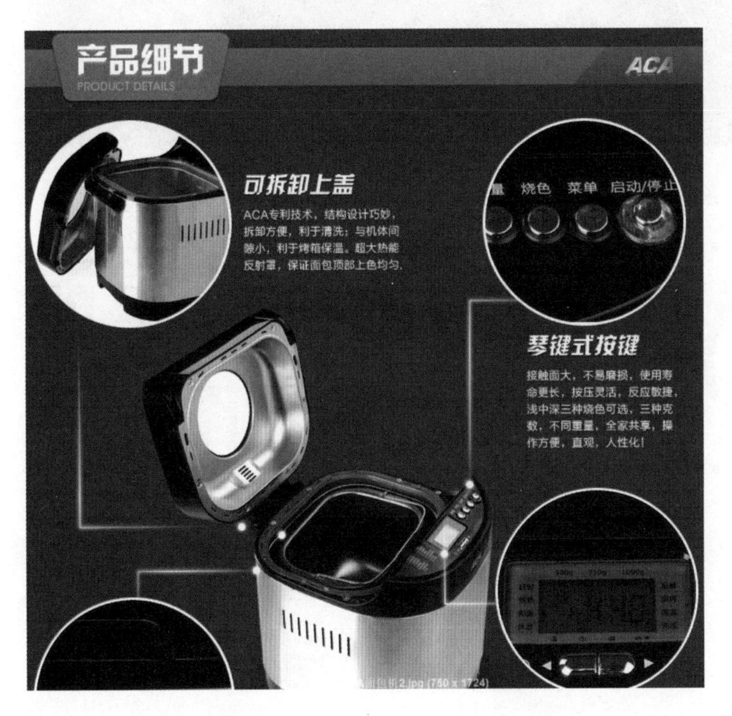

不是简单地罗列细节，而是将细节结合卖点挖掘，变成对顾客有益的说明，顾客在看图的时候就省去了一道思考，直接能了解到商品的好处。对产品展示图、平铺图、细节图、结合卖点进行合理布局安排设计，将简单的细节图打造成更具有营销效果的卖点图。

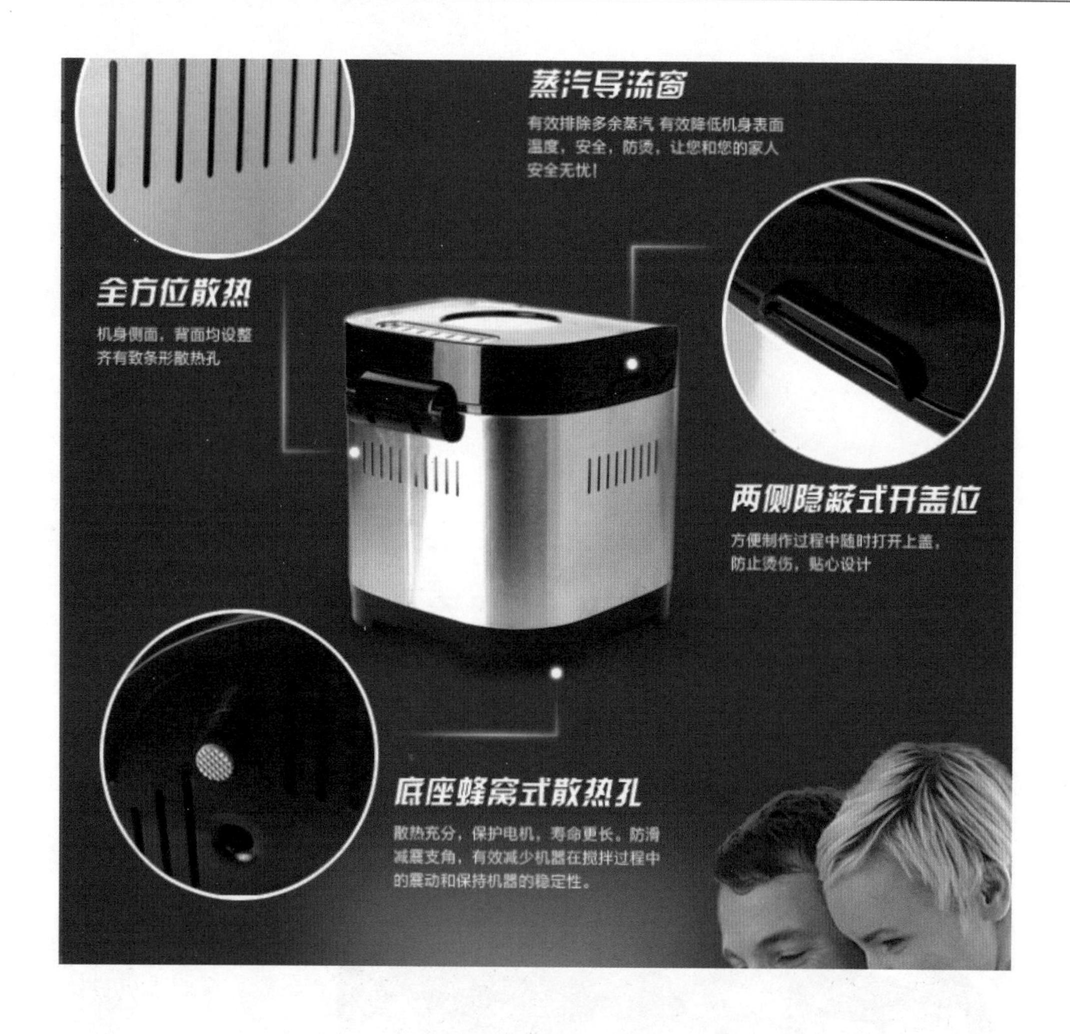

蒸汽导流窗
有效排除多余蒸汽 有效降低机身表面温度，安全，防烫，让您和您的家人安全无忧！
全方位散热
机身侧面，背面均设整齐有致条形散热孔
两侧隐蔽式开盖位
方便制作过程中随时打开上盖，防止烫伤，贴心设计
底座蜂窝式散热孔
散热充分，保护电机，寿命更长。防滑减震支角，有效减少机器在搅拌过程中的震动和保持机器的稳定性。

案例② ACA面包机内页的产品信息整合图

产品信息整合图，是针对普通的商品介绍文字，将商品SKU属性、功能、说明等文字性的描述，与产品外观整合为一张图片，占据大概一屏左右的高度。用图文并茂的视觉表达方式，将众多信息压缩整合，优化阅读，缩短页面长度，让顾客在一屏内找到所想要了解的所有商品属性参数。

产品参数
PRODUCT PARAMETER
ACA
305mm
280mm
285mm
ACA
品牌名称 ACA/北美电器
ACA 面包机型号 AB-SN6513
颜色分类 银色
面包机最大容量 801-1000克
面包机菜单功能 和面团 发酵 烘烤 打糕 酸奶 煲粥 米包 蛋糕 果酱
机身材质 金属
最长预约时间 12-16小时
面包机功率 601-800W
面包机功能 断电记忆功能 保温功能 自设程序
搅拌叶片 单搅拌叶片
控制方式 电脑式
液晶显示 有
加热方式 电热管加热
价格区间 500-599元

案例③ ACA 面包机内页的卖点系列图组

根据所属系列共同的特征和卖点，制作系列广告图。对于面包机的功能，可以做哪些食物，将这些功能卖点扩展放大为可以看到的实物，给顾客以实在的诱惑和美好的联想，一周七天的天天不同的美食诱惑，就好像已经看到了健康的生活、放松的身心和愉快的家庭氛围，大家的赞叹，在向你招手。如此有诱惑力的卖点图，让顾客流连忘返，达成了成交意向。就算当时不能下定决心购买，这种诱惑也会停留在心中，日思夜想，最终把潜在需求变成购买欲望。

不简单地罗列卖点，而把卖点转化为顾客看得见的利益和美好的使用场景，这也正是卖点图的营销魅力所在。

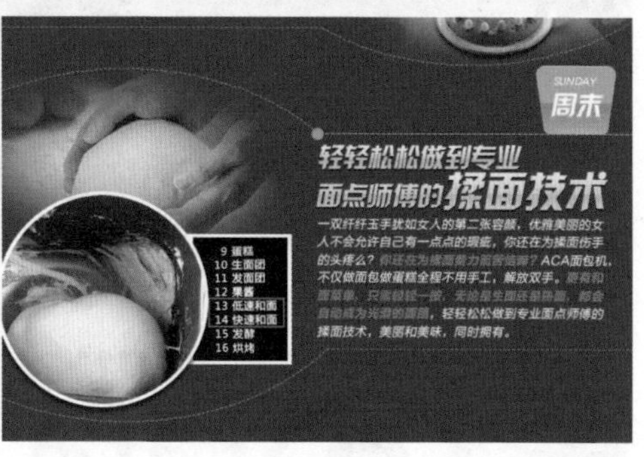

制作内页的时候，最核心的亮点就是产品的卖点。用怎样的形式让买家更懂得产品的优势，用最好的方法把卖点变为好处，是我们做内页所需要体现的。

以面包机举例，如果只说这款面包机做出来的面包有多么美味，可能买家很难想象。我们通过给买家规划一周七天的早餐与甜点安排，来描述面包机的好处，这样让买家身临其境地感受到了面包机的优势。

在设计上，我们把周一、周二……一直到周末，作为我们视觉引导的元素，进行视觉导购。通过虚线与面的串联，增加页面的灵动性。

这样整个卖点区的设计会显得非常统一，信息点也会非常抢眼。

从以上案例中我们可以清楚地了解一个道理：没有经过详细营销策划的卖点，最终在设计时都只会变成简单地罗列卖点。不管顾客想看的，不想看的，是否感兴趣，都会一股脑地放上去。这样的案例数不胜数，这里我们就不一一罗列了。

这样做的结果就是，一个刚需的顾客在需要导购员的时候，发现导购员不在；当顾客在想问这个问题的时候，导购员在不停地推荐自己觉得好的东西，全然不顾顾客的感受和需求，最终导致顾客跑单。

大家可以去淘宝随便打开一家店铺，去看看内页能够给人留下什么印象。目前淘宝上可以说 80% 的内页，看完关掉之后，顾客都想不起它到底说了什么，如果没有给顾客留下印象，说明营销能力是非常弱的。

而这个 ACA 的内页，我本人在仔细看过了之后，从没有接触过面包机的人，竟然对它产生了很大的兴趣，当时虽然没有下单购买，但是直到几年之后我准备买面包机的时候，还清楚地记得这个品牌叫 ACA。这就是好的页面给人留下的深刻印象所带来的良好效果。

10.6 营销型详情页的几个误区

误区 1：是不是描述页做得越长越好？是不是图片越多越好？

图片多当然好，但是如果是同一类型图片的重复堆砌，则会起到相反的效果。因为顾客浏览页面的耐心是有限的，如果你把一个模特的正面图片，笑的哭的你自己喜欢的，列了无数个上去，都只展示了商品的一个正面，那就浪费了顾客宝贵的时间成本了。因此，图片多要用在必要的地方，即用最短的篇幅，最合适的阅读速度，让顾客看到她感兴趣的全面的信息。

同理，描述页是不是做得越长越好呢？如果你的页面做得非常有趣，引人入胜，让人看了还想看，那你可以做得无限长。但是如果你做不到，那么还是回归到本质上去，想想怎么做才能让顾客对你的页面更感兴趣，而不是怎么把页面做得更长。

误区 2：爆款页越长效果才越好？

在几年前淘宝上多数卖家的页面都很短、很基础的时候，长的页面因为信息更多，广告效果做得很好而非常受欢迎。举一个例子，MR.ING 家一款鞋子的页面做到了 3 米长。从那以后，大家都开始竞相效仿，无论自己是不是有那么多的信息要放，都想尽可能地把页面做长。结果就出现了页面空洞无物，无病呻吟，顾客看着乏味，但是又不得不看，看完了又不知道到底说了些什么的情况。这显然已经背离了我们的初衷。

现在的淘宝，一个好的营销型页面，不是以长度来衡量的，如果能够在顾客舒适的范围内尽可能长话短说，该强调的强调，不该多嘴的不要多嘴，这样的导购员才会受欢迎。因节省了顾客的宝贵时间，还让顾客在轻松愉快中完成了购物。因此现在短小精悍的页面，比又臭又长的页面，更受欢迎。

误区 3：是不是上面说的十几个模块都要用上？

这取决于你卖的商品有什么特性。我们把商品分为"标类"和"非标类"两大种。"标类"就是大家都是同一个厂家出来的产品，或者是不同厂家出来的属性完全相同的产品。例如"29 寸液晶显示器"，大家的参数都基本一致，就属于标类产品。这样的产品如果用"产品类比"这个模块就几乎没有意义，除非你有特别过人的工艺和设计，否则肯定是言之无物，毫无新意，纯粹是拼凑起来的内容，为了 PK 而 PK。这样还不如不用这个类比模块。

而且这类产品的图片不需要特别多，各个角度的图片有一张就可以了，完全没有必要用像服装那么多的图片。这种产品技术都一样，品质都一样，那就是比综合服务，比品牌（大牌比较占优势），比售后服务，比价格。这种综合起来的性价比优势完全介绍给顾客，就是重点模块了。

误区 4：服装类目的模特图片很重要，所以模特图片要尽可能得多，并且排在上面？

服装类目特别要注意一个问题，就是这些图片如果特别多的话，会影响显示速度。我曾经浏览一个服装内页时想看它的尺码表，于是往下找到尺码表，因为页面很长，模特图占了很多，十几屏，一边往下翻一边有的图片还没有完全显示出来，这样等我好不容易看到了尺码表，刚准备仔细看的时候，上面的图片又开始不停地一张一张蹦出来，结果尺码表不停地往下弹，结果我追着尺码表不停地滚鼠标，终于等到图片全部显示完，它终于不跑了。这种页面的用户体验是非常差的。

10.7 关注两种不同类型的顾客

根据我们在10.3小节中所讲的例子，如果我们将顾客分为刚性需求和潜在需求两大类型，就要关注他们对页面信息的不同需求程度。

刚性需求的顾客是直接对商品有需求的，他们并不在乎是否有卖点挖掘，而在乎他现在看到的商品是不是他需要的，价格是否合适，卖家是否可信任，如果能够满足这些他所重视的信息点，就可以完成下单购买的动作。

而潜在需求的顾客，没有那么强烈的购买欲望，需要挖掘。他会更注意去看卖点挖掘等一系列能够让他产生相关联想的东西，更关注这些东西能给他带来的利益、好处，适当时也需要考虑的时间和促销行为的推动。

有些商品也要和你的顾客相匹配。例如你是卖婴儿奶粉的，你可以更注意突出页面中刚性需求顾客的关注点，而不用模仿服装类描述页这种长篇大论的设计方式。而如果你想给顾客推荐其他品牌的奶粉，改变她的消费习惯是比较难的。当顾客习惯于购买一个品牌的奶粉时，就很难再改变她的决定，除非是因为她自己内心对这个品牌的奶粉产生了不信任的感觉。如果你想给顾客推荐新产品的话，可以增加一些两个品牌的产品类比，并用试用和促销活动增加顾客对比尝试的可能性。

10.8 关联营销

什么是关联营销？我们在一个商品内页中放上其他商品的链接，就是关联促销。因为我们无法确保每个买家进入页面之后都会购买这个商品，因此给顾客多一些的选择，让他在店铺内的不同页面上继续去浏览商品，引导他找到他感兴趣的商品页面，从而产生购买。

我们理解了关联营销的作用之后，就不难理解，关联营销放在什么位置上是比较好的？

关联营销有三个位置，一个位置是内页的上半部分，一个位置是内页的公共模块之上，一个位置是内页的底部。

这里有几个思路，提供给大家参考。

1. 页面的跳失率高

这种情况说明商品本身有很大的问题，和顾客不匹配，或者内页出现了问题，导致顾客点击进来之后，不能浏览页面，或者浏览了没有兴趣，而产生了跳失。这种情况，为了不浪费流量，做一些挽救，可以将关联营销图片放在内页上面的部分。

2. 页面的转化率高

这种情况说明商品内页做得比较好，商品本身性价比也比较高，也被大多数顾客所接受。这种情况，为了减少页面的跳失，让转化率更高，应该把关联营销放在比较靠下的位置。

如果理解了这个思路，再来想想，如果我要把一个页面打造成爆款页面的话，关联营销应该放在什么位置呢？

如果要把一个商品打造成爆款页面，那么势必要把流量引导向这个页面，并且尽可能地减少跳失，才能够让它的转化率高。所以我们就要把关联营销放在靠下的位置，这样减少人为的流量引出去的情况。

因此，一概而论的做法是错误的。如果你的不同商品的页面关联营销都在同一个位置，就应该以营销的思路重新划分一下，什么商品是要做转化率的，而什么商品的跳失率过高，可以重新调整一下关联营销的位置。

疑问：关联营销所占的长度是不是越长越好？

我经常看到很多页面都把关联营销放在页面靠上的位置（第一屏开始），而且至少有3～5屏的长度。其实这样是很不明智的做法。搜索进来的顾客一般都是对这个商品感兴趣的，而如果在3～5屏内都看不到商品整体图，是一件让人很恼火的事情。而且很有可能又点击到其他页面去，导致这个单品的转化率降低。因为流量都被关联营销给分流掉了。

因此，如果你不是故意要求这样的效果的话，那么关联营销最好是控制在一到两屏的高度，最好是2～3排，每排不超过4个，这样就足够了。

疑问：关联营销放什么内容比较好？

顾客是通过搜索进入单品描述页的，既然是这样，就证明顾客的需求是和这个商品相关的，如果觉得不合适，也会选择同类商品。

对于类似的商品，价位在同一档次，可以稍微有所不同。

如9元少女女袜的关联：不同花色的其他女袜，价格不超过15元。

如9元熟女女袜的关联：男袜、童袜，价格不超过20元。

如男式衬衫的关联：风格一致的男式外套、男式裤子、男式毛背心。

第一种情况，少女型的女袜，一般是年龄并不是很大的女孩子购买，这种情况她可能会购买其他类型其他花色的女袜，价格一般在9～15元都是可以接受的，属于同一价位档次的商品。

第二种情况，熟女女袜，消费人群一般是已结婚或者已经有宝宝的女性，这样她们可能还会对男式袜子和儿童袜子比较感兴趣，价位略高也可以接受。

第三种情况，购买男式衬衫的男性可能还会购买同一个风格的其他搭配衣服。

通过商品本身的情况和目标顾客群的喜好去设置关联营销，一般会比较容易成功。

用数据去设计关联营销的做法

如果有数据工具的支持，可以在采集的数据中发现，哪些商品一起购买的几率会比较高，哪些商品是顾客购买得最多的。根据数据来进行关联营销的设置和套餐的搭配，效果也比较好。

用热销商品去做关联营销的做法

当没有详细的数据分析支持的时候，我们也可以直接拿店铺中最热卖的几个商品和自己想主推的几个商品，给它们关联营销的主要广告位，将流量引导到这些商品上去。这样做的好处一是可以让顾客产生购买。因为店铺中最热卖的，往往也是新顾客会购买的，几率会比较大；二是将流量引导到新的主推商品上去之后，可以给新品带来一定的流量，有利于我们打造前期销量和培养爆款，还可以看出这个商品适不适合做主推，好不好卖。

聚划算营销型页面

聚划算页面是所有页面中对于功能性营销要求最强的，因为它要在短时间内承接大量的流量进入页面，如果页面转化率能够拉高，对于销售额的提升效果就非常明显。

案例① 北极绒聚划算内页

这里的截图以顾客在浏览时所看到的屏高空间为单位划分，因此在看到图片时会有重复的部分。

当大活动来的时候，页面应增加促销感、紧迫感，加大用户的购买欲。

以北极绒聚划算活动为例，这个活动是年末最后一次清仓。因此对于这次活动，怎么突出产品的卖点是一个难题。

整个页面以圆形作为页面的设计元素，因为中国人讲究的是团团圆圆过大年。

第一张首焦图以水墨与圆形相结合，表达过年的抢年货的氛围。

标题着重体现加大加码这样的概念，因为这个时候购买保暖内衣，大部分都是送给长辈的。加大加码是产品的核心卖点。

第二张图通过挖掘胖人的痛点，表达保暖内衣的作用。并引出“全网唯一特供款”的概念，让商品有绝无仅有、错过再无的感觉。

第三张图通过产品整体图和男女尺码的展示，继续强调"独家大码"的概念。继续往下引出每人都需要保暖，保暖即是保健康的痛点。因为这时候多是儿女买给父母的，因此引出健康的概念，更能让顾客下决心下单。

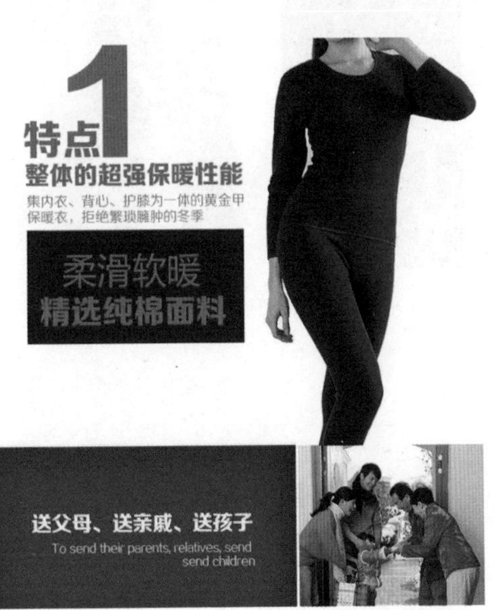

第四、第五张系列卖点图中的"产品特点1"，主要突出商品的超强保暖性能。

特点2
3层合一的不同呵护
表层：棉+羊毛，更强吸湿，超强蓄热。
中层：优质棉料，有效抑菌抗菌，带来健康舒适生活
里层：磨绒工艺，手感细腻，不刺激皮肤

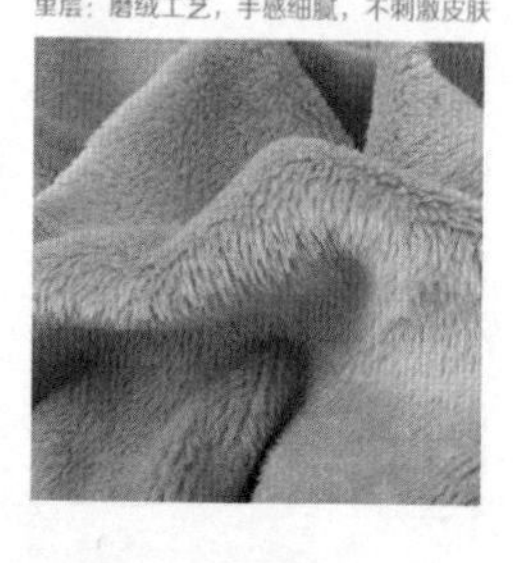

第六张系列卖点图的“产品特点2”，主要突出材质上三层合一。

第七张开始是整体模特图＋细节图＋卖点。

宝贝特点

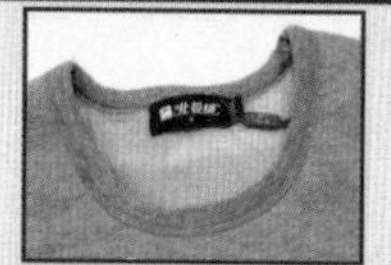

领口- 新型缝边
经典圆领设计，精致的双车线包边，保证了衣领有型且不易变形

领标-精致主唛
丝质主唛光鲜亮洁彰显品牌风范

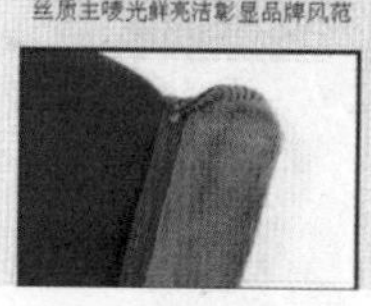

裤腰-加宽

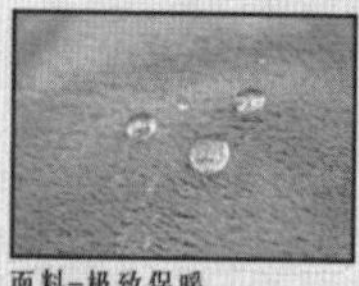

面料-极致保暖

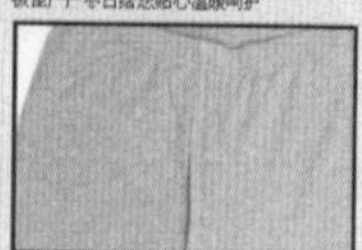

面料-极致保暖

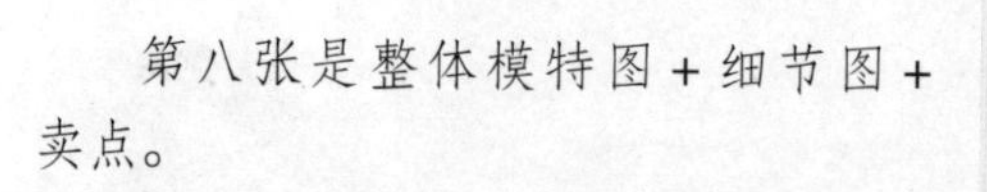

第八张是整体模特图＋细节图＋卖点。

第九、十、十一张图是模特展示。

产品优势 INFORMATION

厚度我最厚，不仅体现产品的重量，更体现我们对顾客的关心

分量我最足 普通商家的衣服偷工减料，更有以次充好

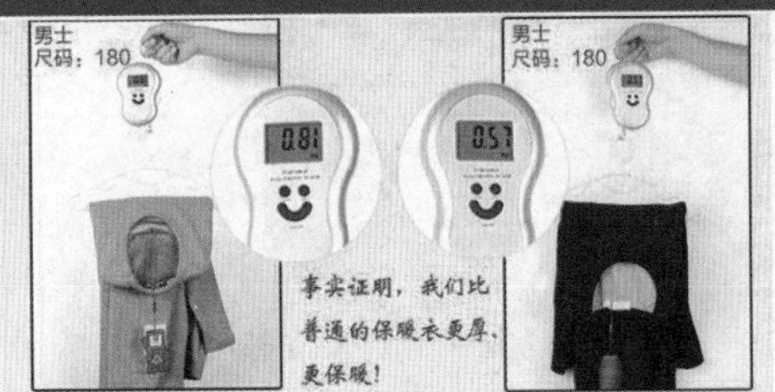

第十二、十三张图是产品优势，用对比的手法，进行类比 PK。

第十四张图对于 6 个优势总结重复强调。

保暖不起球 多次清洗不起球依旧如新，普通洗几次就会起球

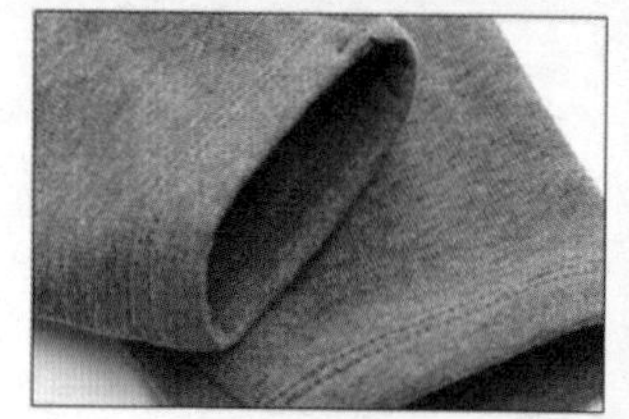

担心褪色问题么?让我们来比较比较!

我们的产品经过严格的色牢度检测

同时真实水洗实验为您呈现品质

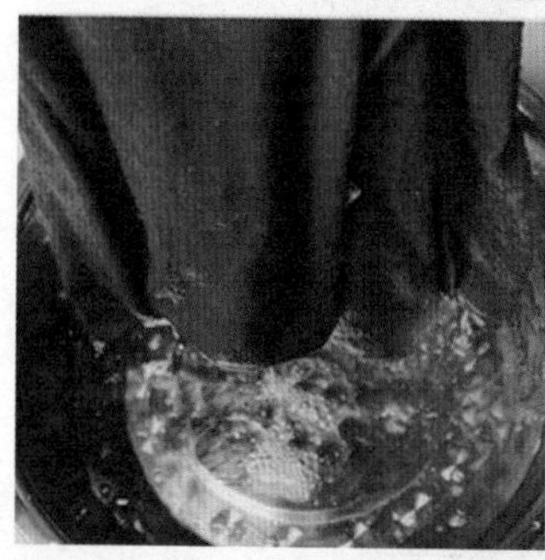

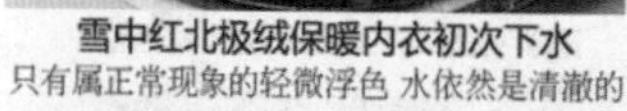

普通保暖内衣初次下水
已有明显脱色现象 水已浑浊

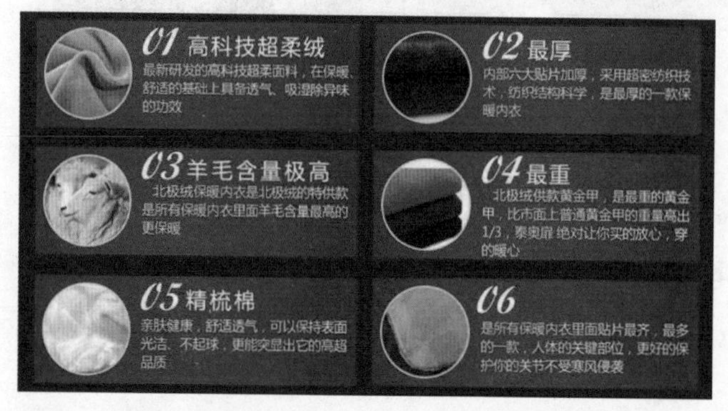

聚划算页面的节奏是清仓、特价、紧迫感，在做这种页面时，需要把主要卖点尽可能地往页面的上方提，并缩短页面中不需要的一些信息。至于品牌仓储等信息，都要压缩，因此处理方法和常规页面不同。这个页面在前面烘托了品牌的知名度、节日的气氛，调动起顾客的兴奋点，然后说明最大卖点，然后才是次卖点、细节描述，其间穿插模特图调剂理性与感性的利益点，最后是浓缩的一些关注点（这些关注点几乎是所有保暖内衣都有的，因此不做强调，只作为顾客安全感的保障）。

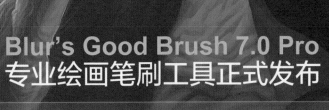

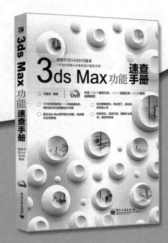

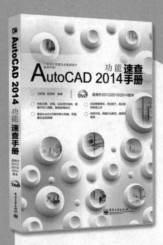